草业良种良法配套手册

2018

全国畜牧总站 编

中国农业出版社

北 京

编 委 会

主　编：李新一　邵麟惠
副主编：陈志宏　齐　晓
编写人员（按姓氏笔画排序）：

王加亭	王铁梅	尤金成	尹晓飞
朱永群	刘　彬	刘昭明	齐　晓
孙建明	苏爱莲	杜文华	李　平
李　聪	李庆旭	李志坚	李锦华
李新一	杨红善	杨志远	张　众
张巨明	张海琴	张瑞珍	张新全
陈志宏	邵麟惠	周艳春	孟　林
赵　利	赵桂琴	赵恩泽	赵鸿鑫
胡桂馨	钟　声	侯　湃	施建军
高承芳	郭海林	黄琳凯	崔国文
康俊梅	彭　燕	董永平	游永亮
路　远			

审　校：唐国策　张院萍

前言
FOREWORD

良种良法是现代农业的重要基础，推广良种良法是农业增产增收的关键。推进良种良法规模化、标准化、产业化发展，使其科研成果尽快地转化为生产力，实现逐步更新品种，加快良种的合理布局发展和推广配套的先进栽培技术，节本增效，是稳定和发展我国农业生产、增加农民收入、建设农业强国的重大措施。饲草作为农业三元结构调整的重要组成部分，越来越受到行业的高度关注，大力发展饲草业迫在眉睫。2017年，全国畜牧总站编辑出版了《草业良种良法配套手册（2017）》，推广35个新草品种，取得了良好的推广效果。2018年，继续编辑出版《草业良种良法配套手册（2018）》，以期对饲草业科研、生产和农牧民栽培利用饲草，起到指导和参考作用。

本书收录了49个优良草品种，涉及豆科、禾本科、菊科、白花丹科4科，苜蓿属、三叶草属、草木樨属、黄芪属、豌豆属、槐属、葛属、高粱属、小黑麦属、鸭茅属、羊茅属、梯牧草属、狗牙根属、披碱草属、冰草属、大麦属、羊茅黑麦草属、鹅观草属、结缕草属、以礼草属、补血草属、翅果菊属、苦荬菜属 23 个属。以品种申报单位提供素材为主要依据，按照品种特点、适宜区域、栽培技术、生产利用和营养成分等内容进行编写，每个品种配有照片或插图，以便读者查阅。

本书得到全国草品种审定委员会多位委员专家的大力支持，在编写过程中，他们提供了大量的指导意见和修改建议，对他们的辛勤劳动表示衷心感谢。由于时间仓促水平有限，错误在所难免，敬请读者批评指正。

全国畜牧总站

2019 年 5 月

目录

CONTENTS

目　录

1. 中天1号紫花苜蓿

中天1号紫花苜蓿（*Medicago sativa* L.'Zhongtian No.1'）是利用航天诱变育种技术选育而成。以2002年搭载于"神舟3号飞船"的三得利紫花苜蓿种子为基础研究材料，2003年将搭载返回的种子田间单株种植，筛选得到多叶型变异单株确定为亲本材料，通过单株选择和混合选择方法进行选育。2018年通过全国草品种审定委员会审定登记，登记号：535。该品种的基本特性是优质、丰产，表现为多叶率高、产草量高。

一、品种介绍

豆科苜蓿属多年生草本植物。茎直立或斜生，分枝8～23个，株高80～140cm。花蝶形，深紫色，簇状排列为总状花序，异花授粉。叶片有三出复叶、奇数羽状复叶（多数5叶，偶有5叶以上），叶长10～43mm，叶宽7～33mm。荚果螺形，干草产量15 529.9kg/hm²，单位面积的蛋白质总量3 173.61kg/hm²。粗蛋白含量平均达20.79%。品种多叶率为32.09%。复叶数为5叶的总叶面积平均为18.56cm²。叶量的百分比为49.41%，比原品种高4.46%。

喜光照充足的温暖半干燥气候，最适生长温度为25～

30℃，降水量为300～550mm，北方暖温带及黄土高原半干旱区、半湿润区为最佳生长环境。在荒漠绿洲区种植亦有产草量高、种子质量好的特点。对土壤要求不严，喜中性或微碱性土壤，可溶性盐在0.3％以下，以排水良好、土层深厚、富含钙质的土壤生长最好。生长期内忌积水，开花期如遇高温、连绵多雨则会影响授粉率，使种子产量降低。该品种在兰州地区春季种植，4月中、下旬播种，7月中、下旬开花，9月中、下旬种子成熟，播种当年种子产量较低，11月中旬地上部分干枯，生长期240天左右。第二年，3月底或4月初返青，8月初种子成熟。第二年起每年可刈割3次，年干草产量平均13 000～18 000kg/hm²，种子产量320～975kg/hm²。

二、适宜区域

适宜西北内陆绿洲灌区、黄土高原以及华北等地区种植。

三、栽培技术

（一）选地

尽量选择地势平坦、便于机械化操作的土地，该品种生产中需要高水、高肥，因此，最好选择在土壤质地好、土层深厚、有机质含量高、有灌溉条件的土地种植。

（二）整地

播种前要清除地面残茬、石块、杂草、地膜、杂物等，深翻后在太阳下晾晒，再平整土地，若杂草严重或病虫害较多，可喷施除草剂和杀虫剂后再翻耕。长年耕作农田可施少量农家肥，贫瘠土壤施厩肥 15 000～22 500kg/hm²，磷肥 1 800～2 250kg/hm²，底肥、种肥均可。

（三）播种技术

北方地区春、秋两季播种，春播一般为 4 月中下旬。可撒播、条播，以条播为好。播种量：种子田 4.0～7.5kg/hm²，收草田 12.0～18.0kg/hm²。播种深度 1.5～2cm。播种行距：收草田 20～30cm，收种子田以 80～100cm 为宜，播种后及时镇压。

（四）水肥管理

苗期要及时清除杂草，干旱时适量浇水。在孕蕾期前后喷施"乐果"防治蚜虫。收草期为开花初期；收种子在 80％～85％的种子成熟后进行收获，如人工收获可分两次进行，植株下 1/3 种子成熟后进行第一次收种，其余待大多数成熟后收获。最后一次收草时间为霜降前 10～15 天。

（五）病虫杂草防控

紫花苜蓿常见的病害有锈病、褐斑病和根腐病，一般干燥的灌区发病严重。

发病时期可以喷施 15％的粉锈宁 1 000 倍液或 65％代森锰锌 400～600 倍液进行预防。虫害主要有蓟马和蚜虫等，该品种在甘肃地区种植是第二茬时蚜虫和蓟马略微严重，可以喷施低毒、低残留的化学药物进行防治。

四、生产利用

该品种属于优质、高产型苜蓿，多叶性状表现明显，营养丰富、适口性好。

粗蛋白质含量高达 21.5％（样品采集地北京，农业农村部全国草业产品质量监督检验测试中心测定），18 种氨基酸总量为 12.32％。在高水高肥、土壤条件好的地块，产草量、蛋白质含量等营养成分更高。

在兰州地区，中天 1 号紫花苜蓿每年可以刈割 3 茬。以生长第 2 年的草地为例，第 1 茬干草产量约 6 845.31kg/hm²，占全年产草量的 45％左右；第 2 茬干草产量约 5 324kg/hm²，占全年产草量的 35％左右；第 3 茬干草产量约 3 042kg/hm²，占全年产草量的 20％左右。干草平均年产量可达 13 000～18 000kg/hm²，种子产量不同地区差异较大，平均年产量约 320～975kg/hm²。

中天 1 号紫花苜蓿主要营养成分表（以干物质计）

收获期	水分 (％)	CP (％)	EE (g/kg)	CF (％)	NDF (％)	ADF (％)	CA (％)	Ca (％)	P (％)
初花期	8.3	21.5	36.6	21.1	31.8	23.8	9.9	1.20	0.32

注：农业部全国草业产品质量监督检验测试中心测定。

CP：粗蛋白质，EE：粗脂肪，CF：粗纤维，NDF：中性洗涤纤维，ADF：酸性洗涤纤维，CA：粗灰分，Ca：钙，P：磷。

中天 1 号紫花苜蓿单株

中天 1 号紫花苜蓿多叶性状

中天 1 号紫花苜蓿花絮

中天 1 号紫花苜蓿根系

中天 1 号紫花苜蓿
生产试验（定西）

中天 1 号紫花苜蓿
生产试验（天水）

2. 东农1号紫花苜蓿

东农1号紫花苜蓿（*Medicago sativa* L. 'Dongnong No. 1'）是东北农业大学以肇东、龙牧803、公农1号、敖汉、新疆大叶、润布勒、和平和阿尔冈金8个紫花苜蓿品种为育种材料，以提高紫花苜蓿蛋白质含量和产草量为育种目标，经过单株选育、混合选择，历经15年选育而成的紫花苜蓿新品种。2017年通过全国草品种审定委员会审定登记，登记号：516。该品种品质优良、粗蛋白含量高，耐寒、高产，适合东北及内蒙古东北部高产优质人工草地建植和退化草原改良。其干草产量9 969kg/hm²，蛋白质含量（初花期）平均为21.81%。

一、品种介绍

豆科苜蓿属多年生草本植物。直根系，主根明显，侧根发达。茎秆直立整齐，光滑具棱，略呈方形，多分枝，株高70～120cm，高者可达187cm。羽状三出复叶，叶片肥大而集中，椭圆形，略带波纹状，稍有白色粉末。在现蕾期至初花期前，叶片明显大于其他品种。总状花序短，腋生，花20～30朵，蝶形花冠浅紫色。荚果螺旋形，一般2～4回，内含种子2～5粒。种子肾形，黄褐色，有光泽，千粒重 1.6g。

东农 1 号紫花苜蓿产草量高，生长茂盛，返青苗鲜绿粗壮茂盛，叶片大、肥厚且略显波纹状褶皱。株高 70～80cm 时现蕾，初花期刈割产草量较对照提高 12.42%，平均茎叶比达 1.56。最佳刈割时期为现蕾期至初花期，大叶片特征明显，产草量较高。抗寒，越冬率大于 94.6%；适宜土壤 pH 6.5～8.0，中等耐旱性。

二、适宜区域

东北三省及内蒙古东北部大部分地区种植。

三、栽培技术

（一）选地与整地

1. 选地

在选地时，不应该选择以下地块：①低洼积水地块：紫花苜蓿不耐涝，稍有积水，就容易造成大片死亡。②重度盐碱土：在土壤 pH 大于 8.3 时，紫花苜蓿的出苗和生长都会受阻。③重度沙化土壤：苜蓿生长不良。

应选择地势高燥，土壤通透性好的黑钙土、壤土和轻沙壤土。

2. 整地

干旱地区以秋整地为主，以利于保持土壤墒情；雨水丰沛地区可选择春整地，以利于灭除杂草。

（二）播种时期

1. 春播

优点是当年牧草产量较高，缺点是干旱不易抓全苗，并且易受杂草危害。在土质较好、雨水丰沛或有灌溉条件地区可选择春播，播种期 4 月底至 5 月初。

2. 夏播

优点是易抓全苗，并且非常有利于灭除杂草，缺点是当年产量较低。在干旱，土壤贫瘠地区可选择夏播，播种期为 6 月中下旬至 7 月中旬。

（三）播种方法

条播，行距 15～30cm，播深 2～3cm，随播随覆土。

（四）播种量

收草田播种量为 15～22.5kg/hm^2。

（五）施底肥

播种当年施底肥可起到催苗作用，促进生长，提高当年苜蓿的生物产量。一般施肥量为 150～225kg/hm^2，其中，尿素占 1/3，磷酸二氢铵占 2/3。

（六）田间管理

1. 除杂草

灭除杂草是紫花苜蓿田间管理中最重要的工作，是影响种植成功与否的关键，因此，必须高度重视。灭除杂草分三步骤：

（1）化学除草。即利用除草剂灭草，常用除草剂为普施特。

（2）机械除草。只有在条播的情况下，才可以进行机械除草，对部分用除草剂没有灭除的杂草，可以用机械中耕除草1～2次。

（3）人工除草。对极个别用前两种除草方法没有灭除的高大杂草，可用人工除杂草。

2. 施肥

每茬草在刈割前（初花期）15～20日喷施叶面肥。

3. 灭虫

虫害是影响苜蓿产草量的主要因素之一，每茬草结合施肥，同时喷洒灭虫药剂。

四、生产利用

东农 1 号紫花苜蓿粗蛋白质含量高，叶量丰富，草质柔软，是建植人工草地和退化草场改良治理的优质豆科牧草，最佳刈割期为现蕾期—初花期。含粗蛋白质 19.5%，粗脂肪 13.7%，粗纤维 25.4%，粗灰分 9.2%，蛋白含量高，粗纤维含量低，含有丰富的钙、磷，是饲喂各种畜禽的优质饲草。

东农 1 号紫花苜蓿主要营养成分表（以干物质计）

收获期	CP (%)	EE (g/kg)	CF (%)	NDF (%)	ADF (%)	CA (%)	Ca (%)	P (%)
初花期	19.5	13.7	25.4	34.7	28.2	9.2	2.26	0.17

注：农业部全国草业产品质量监督检验测试中心测定。

CP：粗蛋白质，EE：粗脂肪，CF：粗纤维，NDF：中性洗涤纤维，ADF：酸性洗涤纤维，CA：粗灰分，Ca：钙，P：磷。

东农 1 号紫花苜蓿叶片

东农 1 号紫花苜蓿茎

东农 1 号紫花苜蓿花序

东农 1 号紫花苜蓿群体

3. 北林 201 紫花苜蓿

北林 201 紫花苜蓿（*Medicago sativa* L. 'Beilin201'）是北京林业大学针对干旱寒冷草原地带，草食家畜缺乏优良豆科牧草、蛋白质饲料严重不足的问题，选育出适于该地区种植的抗寒、耐旱、高产的苜蓿新品种。2018 年通过全国草品种审定委员会审定登记，登记号：536。该品种是在寒冷干旱的锡林郭勒草原区 4 年引种评价的基础上，从 21 个品种 1 890 个单株中，筛选出高产、叶量丰富、越冬良好的 48 个优良单株混合收种，并在寒温带呼伦贝尔草原区再经过 1 次混合选择而形成的抗寒高产综合品种，具有抗寒、耐旱、高产和抗匍柄霉叶斑病等特点。在呼伦贝尔地区越冬率90% 以上，产量超过当地主栽品种 10% 以上。适宜我国中温带、寒温带干旱半干旱草原区饲草饲料与草原生态建设利用。

一、品种介绍

豆科苜蓿属多年生草本植物。秋眠级为 2，株型半直立，株高 70～110cm。叶量丰富、叶片大小中等；深根茎型，根茎分枝多；总状花序，长 2～5cm，花以淡紫色花为主；荚果螺旋状，2～3 回，种子肾形，黄色，千粒重 2.05g。

北方草原区旱作条件下生育期 109 天左右，耐寒性强，在冬季极端低温达 －38.5℃ 的呼伦贝尔地区，越冬率超过 90％；匍柄霉叶斑病整株接种病情指数为 14.70％，为抗病类型。北方草原区灌溉条件下，年刈割 2～3 次，干草产量第三年可达 10t/hm²。

二、适宜区域

北林 201 紫花苜蓿品种先后在内蒙古镶黄旗和呼伦贝尔地区，经过两次混合选育而成，具有良好的抗寒能力。适应在我国中温带、寒温带干旱半干旱草原区推广种植。

三、栽培技术

（一）选地与整地

中性或微碱性土壤，沙壤土、壤土、含石灰质的土壤均可种植。地下水位高于 2cm，排水不良的积水土地不宜种植。要求整地精细，进行深翻、耙细、整平，达到地平土细。播前除尽杂草。在翻耕、耙细、整平后随即镇压，以使播种深度一致，保证全苗。

（二）施肥

结合整地，按照 45t/hm² 用量施农家肥；在播种时按 300kg/hm² 施过磷酸钙种肥；在每年第二次刈割后按 225kg/hm² 追施磷钾肥。在干旱草原区每年刈割 2 次。为了获得高产，应结合翻地施底肥磷肥 $1\sim1.5t/hm^2$，有机肥 $22.5\sim37.5t/hm^2$。

(三) 播种

呼伦贝尔地区可在 5 月底至 6 月上旬播种，旱作时可在雨季播种，播量 $22.5\sim30.0kg/hm^2$。有条件的可进行根瘤菌接种，播种行距 $15\sim20cm$，播深 $1\sim2cm$，视墒情和土质掌握播深，不可超过 $2cm$。

(四) 田间管理

及时除草，在生育期间每次刈割后，如遇干旱应结合除草及时灌溉，以利再生。越冬前灌足冬水。种子田应减少灌水以免倒伏。生育期间结合除草灌水，追肥一两次，以磷肥、钾肥为主，施用量 $150\sim225kg/hm^2$。

(五) 收获

现蕾期至初花期收割，留茬 $5cm$ 左右，最后一茬收割应在霜降 40 天前，人工或机械收割均可。呼伦贝尔地区每年刈割 $1\sim2$ 次，阿鲁科尔沁旗地区刈割 3 次。

四、生产利用

该品种抗寒性强，同时具有较高的品质，叶茎比 $0.8\sim0.9$。适用于中温带、寒温带干旱半干旱草原区饲草饲料与草原生态建设利用。

用作干草生产时，于现蕾期至初花期收割，留茬 $5\sim$

10cm，最后一茬收割选择在霜降以前 40 天。

用作放牧草地建设时，可与无芒雀麦、冰草等混播建植多年生人工草地，混播放牧草地苜蓿和禾本科牧草比例通常为 3∶7。

种子生产时，播种行距 100cm，株距 60cm 左右。播种建植的种子田通常第二年开始收获。收获期间应避开雨季，当 80％～90％荚果变成褐色时及时收割。人工或机械割倒晾晒，当叶片水分下降至 12％～18％时，用联合收割机捡拾或人工运回进行碾压、脱粒。种子储藏前必须经过干燥处理，使种子含水量在 12％以下。

北林 201 紫花苜蓿主要营养成分表（以干物质计）

收获期	CP（％）	EE（％）	CF（％）	NDF（％）	ADF（％）	CA（％）	Ca（％）	P（％）
初花期	17.7	11.0	35.7	48.4	40.1	7.9	1.46	0.23

注：农业部全国草业产品质量监督检验测试中心测定。

CP：粗蛋白质，EE：粗脂肪，CF：粗纤维，NDF：中性洗涤纤维，ADF：酸性洗涤纤维，CA：粗灰分，Ca：钙，P：磷。

北林 201 紫花苜蓿叶片　　　北林 201 紫花苜蓿荚果

北林 201 紫花苜蓿单株　　　　北林 201 紫花苜蓿根系

北林 201 紫花苜蓿　　　　　　北林 201 紫花苜蓿
在阿鲁科尔沁旗试种表现　　　　原种生产基地

4. 沃苜 1 号紫花苜蓿

沃苜 1 号紫花苜蓿（*Medicago sativa* L. 'Womu No.1'）是克劳沃（北京）生态科技有限公司选育的优质、高产、抗病的多叶型紫花苜蓿新品种。2017 年通过全国草品种审定委员会审定登记，登记号：515。沃苜 1 号主根粗壮，分枝多，茎秆较细，叶量大，多复叶。抗旱、抗寒，抗病虫性强，适应性广，丰产性好，饲草品质佳，适宜在我国北方大部分地区种植。多年多点的区域试验结果表明，平均干草产量 16 500kg/hm²，丰产年达到 18 000kg/hm²。

一、品种介绍

豆科苜蓿属多年生草本植物。株高 90～120cm，根系发达，多侧根，主要分布在 10～50cm 土层。分枝多、茎秆直立较粗壮。羽状三出复叶，托叶大，卵状披针形，多叶率高，叶量丰富。总状花序，花序长 2.5～5.0cm，每个花序有 25～40 个小花，花冠为淡紫色和紫色。荚果螺旋形，2～3 回，表面光滑，每荚含种子 3～10 粒。种子肾形或椭圆形，黄褐色，千粒重 2.15～2.40g。

沃苜 1 号紫花苜蓿生长速度快、再生性好，平均干草产量 16 500kg/hm²，种子产量达 823kg/hm²。沃苜 1 号是多叶型苜蓿品种，叶量丰富，饲草品质佳，属于高产优质苜蓿品种。

二、适宜区域

适宜在我国温带大部分地区种植，尤其适宜在华北、西北和华中部分地区种植。

三、栽培技术

(一) 选地

选择地势平坦，便于机械化作业的地块。土层深厚，有机质含量高，土壤肥沃。有丰富的水源且水质优良（盐碱含量低），能满足灌溉需要。沙壤土或壤土，土壤 pH 6.5～8.0 最佳。

(二) 整地

苜蓿种子细小，播种前土壤应精耕细作，上虚下实，通过翻耕清除杂草，保持土壤平整和墒情。如果杂草严重时，可用除草剂先处理杂草，然后再翻耕。在土壤黏重或降雨较多的地区要开挖排水沟。结合翻耕，施足底肥，有机肥用量为 15 000～30 000kg/hm²，以磷钾肥为主的复合肥用量为 375～450kg/hm²。

(三) 播种技术

1. 种子处理

苜蓿在苗期根系形成后自然会着生根瘤进行生物固氮，

但是为了提高有效根瘤菌数量和固氮能力，最好在种植前对苜蓿种子进行根瘤菌接种，以增加单位土壤中根瘤菌的含量，促进根瘤菌的大量生成。实践证明，接种"多萌"根瘤菌后苜蓿产草量较未接种的提高30％以上。

2. 播种期

沃苜1号紫花苜蓿适宜秋播，在华北、西北大部分地区适宜雨季夏播。

3. 播种量及播种方式

单播苜蓿田，条播行距25～30cm，播量12～15kg/hm²，播深2～3cm。苜蓿种子田，条播行距40～60cm，播种量6.0～7.5kg/hm²。与禾本科牧草无芒雀麦、鸭茅、老芒麦等混播建立人工草地时，采用撒播，播量为6.75～7.5kg/hm²，禾本科播量为22.5～30kg/hm²。播后适当镇压，以使播种深度一致，利于保墒保全苗。

（四）水肥管理

沃苜1号紫花苜蓿喜水肥，干旱季节需进行灌溉，但是忌水涝，苜蓿根系长时间受涝会导致烂根，造成植株大批死亡。因此，适时适量灌溉很关键。通常保持土壤含水量为60％～80％为宜，开花至种子成熟期为50％左右，越冬期为40％左右。一般每次刈割后根据墒情进行灌溉，越冬前和返青前各浇灌一次透水。

在苜蓿的整个生长阶段，要定期取土样测定土壤肥力状况，实现测土配方科学施肥。通常结合灌溉进行施肥，肥料以磷钾肥为主，施用量225～300kg/hm²。

（五）病虫杂草防治

播种前杂草防除最关键，结合翻耕用禾烯啶和莎阔丹消灭杂草，苗期用苜草净防除杂草。苜蓿的病害主要有锈病、褐斑病、根腐病和炭疽病等，导致病害发生的因素很多。沃苜 1 号品种本身抗病性强，在日常管理中通过合理的栽培措施，就可以防止病害的发生。锈病可通过喷施 15％粉锈宁 1 000 倍液或 65％代森锰锌 400～600 倍液进行预防。苜蓿虫害主要有蚜虫、夜蛾和蓟马等，可通过喷洒药剂进行化学防治，但是施药时间和收割时间一定要有间隔，以避免农药残留对家畜造成危害。

四、生产利用

最适宜的刈割时期为现蕾期至初花期，刈割留茬高度 5cm，最后一次刈割必须在霜冻来临前 30 天左右，留茬高度为 7～8cm。刈割后，待苜蓿晾晒至含水量为 22％以下时，即可进行田间打捆，通常利用晚间或早晨空气湿度比较高时进行打捆，以减少因苜蓿叶片的损失而降低饲草品质。堆垛时草捆之间要留有通风口，以利草捆继续散发水分安全贮藏。

沃苜 1 号在河北、山西、内蒙古等地区多年种植的表现均良好，表现出种子活力强，苗期生长快，多叶率高，叶量丰富，丰产性好。对蚜虫、蓟马的抗性强，综合抗病性也好。在山西北部地区，每年至少可刈割 3 茬，年均干草产量约 14.25t/hm^2，丰产年达到 16.5t/hm^2。

可青饲、青贮或调制干草，沃苜1号饲草营养价值高，适口性好，饲喂效果佳，各种家畜均喜食。

沃苜1号紫花苜蓿主要营养成分表（以风干物计）

收获期	CP （%）	EE （g/kg）	CF （%）	NDF （%）	ADF （%）	CA （%）	Ca （%）	P （%）
初花期	18.8	12.4	28.6	39.8	30.7	9.2	1.66	0.23

注：农业部全国草业产品质量监督检验测试中心测定。

CP：粗蛋白质，EE：粗脂肪，CF：粗纤维，NDF：中性洗涤纤维，ADF：酸性洗涤纤维，CA：粗灰分，Ca：钙，P：磷。

沃苜1号紫花苜蓿叶片

沃苜1号紫花苜蓿根系

沃苜1号紫花苜蓿花序

沃苜1号紫花苜蓿生产田

5. 中兰2号紫花苜蓿

中兰2号紫花苜蓿（*Medicago sativa* L. 'Zhonglan No. 2'）是以黄土高原旱作栽培条件下的草地丰产、稳产和利用持久性为主要育种目标，通过研究苜蓿茎生长的有限和无限习性及其代表的水分生态适应性，选出1个耐旱材料和3个速生材料进行多元杂交而成。中兰2号由中国农业科学院兰州畜牧与兽药研究所和甘肃农业大学申请，2017年通过全国草品种审定委员会审定登记，登记号：519。多年多点试验表明，中兰2号在甘肃灌溉条件下的干草产量可达22 340kg/hm² 以上，在旱作条件下平均干草产量为9 340～14 060kg/hm²。

一、品种介绍

豆科苜蓿属多年生草本植物。根系发达，主根入土较深。根茎处生长新芽和分枝，一般有10～30个分枝。密植时植株大多直立，株型较紧凑。叶片以椭圆形或披针形为主，大小中等，叶色嫩绿。花紫色或浅紫色，总状花序，长5cm以下。荚果螺旋状，1.5～2.5圈，有种子2～5粒。种子肾形，黄色或黄褐色，千粒重1.9～2.1g。

适宜半干燥、半湿润区的温暖气候条件，以及深厚、疏松、排水良好的土壤，所以在黄土高原区具有广泛的适应性。作为以旱作栽培为主的苜蓿品种，对水分的适应性体现在对茎生长习性和根系构型的选择上。研究发现，苜蓿茎生长习性存在有限型和无限型，有限型品种适于灌溉栽培，无限型品种适于旱作栽培。中兰2号的茎生长习性为无限型。根系70%以上为主根型，入土较深，适于吸收土壤深层水分；部分根系为分根型，对土壤浅层水的吸收能力较强。

二、适宜区域

中兰2号适宜黄土高原半干旱和半湿润区以及我国北方降水量320mm以上的类似地区旱作栽培，在西藏"一江两河"地区的河谷农区灌溉栽培，也显示出较高的生产能力。

三、栽培技术

（一）选地

该品种具有广泛适应性，耕地、撂荒地、沙地和荒坡地均可栽培，但要获得高产，宜选择土层或耕作层深厚的土地。大面积种植时应选择较开阔平整的地块便于机械作业。如果当地降水量太高，则不利于种子生产，所以种子田适宜建立在降水量较低的地区，选择光照充足、排灌便利的地块。

（二）整地

苜蓿种子细小，种植时抓苗难度较大，整地环节至关重要。播种前土壤的耕翻视情况而定，黏性大或紧实的土壤播种前要进行深翻，翻耕深度不低于 30cm；轻壤土或疏松的土壤播种前浅翻即可。翻耕后的土壤播种时有一定紧实度则利于后期的出苗，可通过耙磨、镇压、灌溉或降水过程来实现。西藏山南、拉萨等地的河谷农区大部分耕作土壤为沙质，在作物收获后利用余热种植苜蓿，可在不进行土壤全面翻耕的条件下直接机械播种。苜蓿一年种植，多年利用，种植时需要一次性施足底肥。

（三）播种技术

1. 播种期

春、夏、秋均可播种。各地有最适宜的播种时间和方式，重点需考虑降水的时间分布和温度的变化，不能一概而论。一般晚播可通过浅耕灭茬减轻杂草的危害。甘肃农户传统上采用作物保护播种的方式，有利于防除杂草和降低种植成本。保护播种时，苜蓿的播种期可由作物的播期决定，同样有春播、夏播和秋播。西藏山南、拉萨等地 7 月至 8 月中旬播种可避免杂草的大量发生，第二年的生长状况良好；8 月下旬以后播种易形成弱苗或第二年才出苗，第二年的生长缓慢，杂草的影响较大。

2. 播种量

收种田 4.5～7.5kg/hm²，收草田 7.5～13.5kg/hm²。利用作物进行保护播种时，播种量可适当加大。根据多年种植经验，甘肃可提高播种量 50%，西藏可提高播种量 100%。由于各地的立地条件以及保护作物差异较大，因此依当地的种植经验确定播种量更为适宜。

3. 播种方式

播种方式主要有条播、撒播和穴播。进行条播时，收草地行距 25～40cm，收种地 50～80cm。播种深度 1～2cm。

(四) 水肥管理

中兰 2 号以旱作栽培为主，但种植时良好的土壤墒情是保证出苗和保苗的必要条件，一般选择灌溉后或雨后土壤墒情良好时种植。特殊情况下可选择土壤含水量低时播种，如西藏的沙质土壤保水差，种植后进行再灌水易于出苗，土壤也不易板结；甘肃旱作区往往自然降水和播种期的选择不同步，预先播种后遇有充足的降水利于及时出苗，当降水不足则会造成种植失败。中兰 2 号在灌溉条件下也有良好的产量表现，水分管理与其他品种没有差异。

施足基肥是保证苜蓿高产、稳产的有效措施。有机肥可施 30 000kg/hm²，过磷酸钙可施 750kg/hm²。苜蓿苗期无固氮能力，可施 75～150kg/hm² 尿素促苗。在陇中地区管理水平粗放的草地，基施草木灰 7 500kg/hm²，效果良好。

苜蓿草地每次刈割后都应追施少量复合肥，以促进再生。越冬前施入少量的钾肥和磷肥，可提高次年的越冬率。利用多年的草地应在疏松土表的基础上深施磷肥。

(五) 病虫杂草防控

中兰 2 号苜蓿的病害有褐斑病、锈病等，霜霉病的发病率较低。在草地中如发现某些传染性强的病害，可直接铲除病株。收草的苜蓿草地病害应以农艺措施或生态防治为主，收种田可选择化学防治。

虫害主要有蚜虫、蓟马、叶象、元菁等，适时收割可将虫卵、幼虫随茎叶带出草地。蚜虫对收种草地影响较大，宜进行化学防治。

苜蓿种植阶段杂草的影响最大，甚至可造成草地建植的失败。防治杂草可采取以下措施：一是掌握播种时间，春播宜早，夏播宜晚，秋播不宜过迟；二是采用保护播种方式；三是小面积草地直接用人工清除，大面积草地使用选择性除草剂清除；四是一年生杂草尽量通过多年生草的生长优势抑制。

四、生产利用

中兰 2 号紫花苜蓿是优质的豆科牧草，营养高，适口性好。据农业部全国草业产品质量监督检验测试中心检测，第一茬刈割草（以风干草计）粗蛋白含量 18.4%，粗脂肪含量 14.9g/kg，粗纤维含量 30.5%，中性洗涤纤维含量 42.7%，酸性洗涤纤维含量 33.1%，粗灰分 8.5%，钙含量 1.42%，磷含量 0.26%。

在旱作栽培条件下，中兰 2 号苜蓿每年可刈割 2~4 次。我国北方大部分地区雨热同季，所以第一茬草生长盛期刈割不宜过早，开花后茎下部叶片尚未变黄或脱落时刈割为宜。应注意在干热气候条件下，刈割留茬过高时割茬蒸腾强烈，不利再生。中兰 2 号适于旱作，在灌溉条件下也有较高产量。灌溉栽培时，刈割时间为现蕾期至初花期。每年可刈割 3~5 次，留茬高度 5cm 或更高。

中兰 2 号苜蓿是牛、羊、鹿、马、猪、兔、禽等动物的优质饲料，可直接饲喂家畜，也可青贮、调制干草或加工成草粉、草捆、草颗粒等草产品。鲜喂草食家畜时应防止臌胀病的发生。

中兰2号紫花苜蓿主要营养成分表（以风干物计）

收获期	水分 （%）	CP （%）	EE （g/kg）	CF （%）	NDF （%）	ADF （%）	CA （%）	Ca （%）	P （%）
初花期	7.6	18.4	14.9	30.5	42.7	33.1	8.5	1.42	0.26

注：农业部全国草业产品质量监督检验测试中心测定。

CP：粗蛋白，EE：粗脂肪，CF：粗纤维 NDF：中性洗涤纤维，ADF：酸性洗涤纤维，CA：粗灰分，Ca：钙，P：磷。

中兰2号紫花苜蓿花序

中兰2号紫花苜蓿荚果

中兰2号紫花苜蓿主根型根系

中兰2号紫花苜蓿叶

6. 甘农9号紫花苜蓿

甘农 9 号紫花苜蓿（*Medicago sativa* L. 'Gannong No. 9'）是以澳大利亚南澳初级工业资源部南澳研究所的抗蚜苜蓿材料 HA－3 为原始材料，经连续抗蓟马性评价、扦插、筛选育成的抗蓟马苜蓿品种。2017 年通过全国草品种审定委员会审定登记，登记号：517。该品种对以牛角花齿蓟马（Odontothrips loti）为优势种的蓟马类害虫具有较强抗性，表现出受害指数低，叶量和草产量损失率低的特点。该品种春季返青早，生长速度快，产草量高，干草产量 12 000kg/hm² 以上。牧草适口性好，营养价值高，第一茬草粗蛋白含量 21.8％，粗脂肪含量 24.7％，NDF 含量 33.3％，ADF 含量 25.6％。

一、品种介绍

豆科苜蓿属多年生草本植物。根系发达，主根明显。株型紧凑直立，茎枝多，高度整齐，春季返青后初期生长快。株高在 90～121cm，茎上着生有稀疏的绒毛，绝大多数为紫红色，具有非常明显的四条侧棱，分枝 30～50 个，叶为羽状三出复叶，椭圆形，基部较宽，少数叶片呈倒心形，中间叶片较大，短柄，表面有柔毛；叶色深绿，叶片较大，叶量丰富；总状花序，自叶腋处出，花序长 2.3～6.4cm，每个花序有花 22～41 朵，花冠为紫色；荚果为螺旋形，大多数为 2～3 回，最多达到 6 回，表面光滑，有脉纹；每荚有种子 2～15 粒，平均 7.7 粒。种子肾形，千粒重 3.00g。

春季返青后初期生长快，花期较早，成熟期早，生育期 123～140d。在甘肃兰州观察表明，春季返青早，一般比 3 级休眠苜蓿品种早 15d 左右。5 月中旬显蕾，6 月上旬进入花期，7 月下旬进入荚果成熟期，7 月底进入种子采收最佳期。在兰州及附近，作为饲草用，播种第一年收获 3 茬，第二年以后每年刈割 4 茬，水肥管理较好条件下，高产年份亩①产干草可达 1 600kg。春季，适宜收割的蕾期出现在 5 月中旬，以后各茬收获的初花期出现在 7 月上旬、8 月上旬及 10 月 1 日左右。进入 11 月下旬，地表植株渐干枯。

二、适宜区域

甘农 9 号紫花苜蓿适合于我国北纬 33°～ 36°温暖的干旱半干旱灌区和半湿润地区种植。

三、栽培技术

(一) 选地

一般土壤均可种植，但沙质土、地下水位高于 2m，排水不良的积水土地不宜种植。大面积种植时应选择较开阔平

---

① 亩为非法定计量单位，1 亩≈667 平方米。下同

整的地块，以便机械作业。进行种子生产时应选择光照充足的地区，以利于种子发育。

（二）整地

整地精细，进行深翻、耕细、整平，达到地平土碎土细。播前除尽杂草，再耕翻、耙细、整平后随即镇压，以使播种深度一致，保证全苗。在翻耕前施基肥（农家肥、厩肥）15 000～30 000kg/hm²，复合肥 300～600kg/hm²。

（三）播种技术

1. 播种期

播种期可根据当地气候条件和前作收获期而定，因地制宜。北方各省区可春播、夏播或者秋播。一般是 4—7 月播种，最迟不晚于 8 月，否则影响越冬。一般推荐春季播种或雨季播种。

2. 播种量和播种方式

种子田播量 6～7.5kg/hm²，旱作或山地条件可略增，要精细管理。收草田播量 18～22.5kg/hm²。播种方式主要有条播、撒播和穴播。条播更有利于大面积的田间管理和收获晾晒。收草田条播播种行距为 20～30cm。

（四）水肥管理

种植时和刈割后建议先测量土壤养分，根据土壤养分状况施入合理的肥料比例和用量，一般建议建植前施用450kg/hm² 复合肥做底肥，其后每年第一茬刈割后，应追施适量的磷钾肥 150～200kg/hm²，以促进苜蓿的再生和提高苜蓿的抗虫性、抗病性。越冬前施入少量的钾肥和硫肥，以提高越冬率。

紫花苜蓿是需水较多的植物，水是保证高产、稳产的关键因素之一。在北方地区的生产中若要获得较高的牧草产量，应及时进行灌溉，以提高干草产量。

（五）病虫杂草防控

病虫害的发生受多种因素的影响，种植过程中需制定合理的栽培措施，如水肥管理、及时刈割或提前刈割，做到及时预防才能有效减少病虫害的发生与危害，实现牧草生产的高产、优质和高效。

四、生产利用

甘农 9 号紫花苜蓿是优质的豆科牧草，具有较高的牧草品质，现蕾期至初花期牧草品质较好。据农业农村部全国草业产品质量监督检验测试中心测定，初花期（以干物质计）粗蛋白含量 21.8％，中性洗涤纤维含量 33.3％，酸性洗涤纤维含量 25.6％，粗灰分 9.8％，钙含量 2.36％，磷含量 0.23％。

在我国北方地区建植的收草田，建植第一年建议在初花期刈割，第二年及以后年份，第一茬刈割时间为现蕾期，第二茬以后在初花期刈割，如果推迟刈割则会导致品质迅速下降。每年可刈割 3～4 次，留茬高度 5～10cm。末次刈割时间应在重霜来临前 40 天，给地上部分留够充足的时间向根部储存营养，否则不利于植株越冬。

6. 甘农9号紫花苜蓿

甘农9号紫花苜蓿主要营养成分表（以风干物计）

收获期	CP（%）	EE（g/kg）	CF（%）	NDF（%）	ADF（%）	CA（%）	Ca（%）	P（%）
初花期	21.8	24.7	22.6	33.3	25.6	9.8	2.36	0.23

注：农业部全国草业产品质量监督检验测试中心测定。

CP：粗蛋白质，EE：粗脂肪，CF：粗纤维，NDF：中性洗涤纤维，ADF：酸性洗涤纤维，CA：粗灰分，Ca：钙，P：磷。

甘农9号紫花苜蓿根系

甘农9号紫花苜蓿叶片

甘农9号紫花苜蓿单株
（营养生长期）

甘农9号紫花苜蓿单株
（花期）

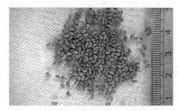

甘农9号紫花苜蓿种子

7. 东苜 2 号紫花苜蓿

东苜 2 号紫花苜蓿（*Medicago sativa* L. 'Dongmu No. 2'）是东北师范大学以 5 个国内紫花苜蓿品种和 5 个国外紫花苜蓿品种或资源为亲本，采用杂交育种和混合选择方法选育而成的新品种。2017 年通过全国草品种审定委员会审定登记，登记号：512。

一、品种介绍

豆科苜蓿属多年生草本植物。株型直立或半直立，开花期株高 90～110cm，三出复叶或部分复叶为多叶型，叶片较大。根系发达，主根粗大明显，圆锥形。花色以中紫色为主，兼有少许深紫色和淡紫色。荚果螺旋状，2～3 圈，种子为肾形、浅黄色，每荚含种子 4～8 粒，千粒重 2.10±0.02g。在吉林省西部（生长第二年），一般 4 月 20 日左右返青，5 月 25 日现蕾，6 月 6 日初花，6 月 12 日盛花，7 月 25 日种子成熟。根据天气状况，生育期一般为 95～115 天。再生性好，刈后再生迅速。在吉林省可刈割三次（生长第二年），分别为 6 月 6 日、7 月 15 日和 8 月 25 日左右。

东苜 2 号抗寒性强，在吉林省西部国外引进品种基本冻死、国内北方抗寒品种发生不同程度冻害的条件下，仍能安全越冬，越冬率可达 95％或更高。抗旱性强，在年降水量为 300～400mm 条件下，生长第二年无需灌溉可正常生长。丰产性能好，在吉林省西部品种比较试验中，生长当年产草量（干草）比对照品种公农 1 号增产高 11.7％，第二年增产 10.4％，第三年增产 10.1％，第四年增产 13.9％，连续多年干草平均产量在 13 000kg/hm^2 以上（无灌溉条件下）。

二、适宜区域

该品种适宜在我国北方寒冷干旱地区推广种植，尤其适宜吉林省、黑龙江省等气候相似地区种植。

三、栽培技术

（一）选地

该品种适应性广，对土壤要求不严，喜欢中性或偏碱性的土壤，最适宜在土层深厚疏松的沙壤土中生长。因此，在松嫩平原苏打盐碱地选择种植紫花苜蓿地块时，应选择土层深厚、排水良好、土壤 pH＜9.5、电导率＜260μs/cm 的地块，即土壤含盐量＜0.3％的地块。大面积种植时，应选择较开阔平整的地块，以便机械作业。

（二）播前灭草

选择种植紫花苜蓿的地块，播种前先用化学除草剂对土壤做防除杂草的处理。如以羊草、芦苇等多年生禾本科杂草为主或占有较大比例，必须使用内吸灭生性除草剂草甘膦进行灭除杂草。对于一般性杂草防除，杂草萌发前使用48%佛乐灵乳油1 200～2 400ml/hm²，加水配成药液喷于地表后立即混土镇压。

（三）整地

苜蓿种子小，千粒重平均2.0g，故要求精细整地。又因其为深根牧草，故必须翻耕、耙耱，达到平整细碎。耕地时要求深翻或深松25～30cm，耙地时要求耙碎土块，混拌土肥，达到表面平整；耱地要求耱碎土块，耱实土壤，达到粗细均匀，质地疏松；镇压要求土质细碎，地面平整，土层压紧，上虚下实，达到保墒效果。播种的土壤要紧实，人的脚印深度不能超过1cm，不能有杂草。

（四）播种技术

采用窄行条播，行距15～30cm，先施肥后下种，下种后覆土2cm。目前，一般采用苜蓿播种机播种。春、夏、秋季均可播种，根据生产地区的条件现多采取夏秋播种。吉林西部播种可在气温较高而降雨较多、稳定的夏季播种。一般在雨季来临前播种，以6月中旬为宜。夏播应该在7月底前结束。在吉林省西部及类似地区，秋季播种应早于8月5日，8月10日前出全苗，否则，翌年越冬不稳定。理论种子用量为15kg/hm²，实际使用时可以用净度和发芽率折算。

在干旱寒冷地区尤其是冬春季少雪且风力较大区域，宜采用浅垄沟栽培措施，将苜蓿种子播种于垄沟中。同一环境条件下，由于苜蓿根部小环境的改变，紫花苜蓿垄沟种植比其他种植方式可获得较高的产量，并可提高苜蓿的越冬率。

（五）田间管理

1. 除草

苜蓿播种前如采用播前灭草的防治技术后，杂草一般不会对苜蓿幼苗产生危害。如播前灭除杂草效果不理想，应根据田间杂草具体发生情况，进行化学除草。喷施化学除草剂要在无雨、晴朗无风的天气里进行。

2. 施肥

紫花苜蓿种植时建议先测量土壤养分，根据土壤养分状况确定合理的肥料比例和用量，一般建议施用 $45kg/hm^2$ 尿素、磷酸二氢铵 $200kg/hm^2$ 做底肥。越冬前施入少量的钾肥和硫肥，以提高次年的越冬率。

3. 灌溉

东苜 2 号紫花苜蓿有强大的根系，入土很深，能从土壤深层吸收水分，因此具有较强的耐旱性。但在北方地区的生产中，若要获得较高的牧草产量，应及时进行灌溉，以提高干草产量。

四、生产利用

东苜 2 号紫花苜蓿是优质豆科牧草，茎秆纤细，叶片含量高。据全国畜牧总站办公室提供的东苜 2 号紫花苜蓿初花期干草（第一次刈割）营养成分表，初花期（以干物质计）粗蛋白占 17.9%，中性洗涤纤维占 42.4%，酸性洗涤纤维占 30.4%，钙占 2.06%，磷占 0.16%。

　　在吉林省一般进行人工草地建植，刈割时间为现蕾期至初花期，如果推迟刈割则会导致品质迅速下降。每年可刈割三次（生长第二年），分别为6月6日、7月15日和8月25日左右。该品种抗寒性强，在吉林省西部国外引进品种基本冻死、国内北方抗寒品种发生不同程度冻害的条件下，仍能安全越冬，越冬率可达95%或更高。抗旱性强，在年降水量为300~400mm的条件下，生长第二年无需灌溉可正常生长。

　　可青饲、青贮或调制干草。东苜2号在我国北方地区主要用于干草晾晒，制作成草捆进行贮藏和运输。鲜喂时应注意不要让空腹的家畜直接进入嫩绿的草地，放牧前宜饲喂一些干草或者青贮料，以防止臌胀病的发生。

东苜2号紫花苜蓿主要营养成分表（以干物质计）

品种	水分 （%）	CP （%）	EE （g/kg）	CF （%）	NDF （%）	ADF （%）	CA （%）	Ca （%）	P （%）
东苜1号	6.9	17.9	12.2	29.3	42.4	30.4	8.0	2.06	0.16

注：农业部全国草业产品质量监督检验测试中心测定。

CP：粗蛋白，EE：粗脂肪，CF：粗纤维 NDF：中性洗涤纤维，ADF：酸性洗涤纤维，CA：粗灰分，Ca：钙，P：磷。

东苜2号紫花苜蓿单株	东苜2号紫花苜蓿群体

东苜2号紫花苜蓿田间生长情况　　东苜2号紫花苜蓿开花期

8. 中苜 7 号紫花苜蓿

中苜 7 号紫花苜蓿（*Medicago sativa* L. 'Zhongmu No. 7'）是中国农业科学院北京畜牧兽医研究所以中苜 1 号 17 株、保定苜蓿 8 株、中苜 2 号 35 株早熟单株为亲本材料建立无性系相互杂交，通过三代混合选择（选择第一茬开花早、叶量大、分枝多、适应性好的优株），育成的早熟苜蓿新品种。2018 年通过全国草品种审定委员会审定登记，登记号：534。在北京顺义三年的比较试验表明，该品种比对照品种中苜 1 号、中苜 2 号要提早开花 10～13 天；干草产量比中苜 2 号增加 3.6%～7.7%；比中苜 1 号增产 3.4%～5.9%。

一、品种介绍

豆科苜蓿属多年生草本植物。根系发达，直根型；株型直立，株高 80～110cm；分枝多，叶片较大，叶色深绿；花色紫到浅紫色，总状花序，荚果螺旋形 2～3 圈；种子肾形，黄色或黄棕色，千粒重 1.9～2.0g。该品种具有开花早、产量高、再生快等特点，第一茬苜蓿初花期比对照品种中苜 1 号、2 号提前开花 10～13 天，在黄淮海地区雨养条件下干草产量达 14 260.6～15 471.0kg/hm^2。营养丰富，初花期干物质中粗蛋白含量达 20％。

喜温暖半干燥气候，生长最适宜温度在 25℃上下。耐寒性很强，5～6℃即可发芽并能耐受－6℃的寒冷，成长植株能耐－30～－20℃的低温，在雪的覆盖下可耐－44℃的严寒。对土壤选择不严，除重黏土、低湿地、强酸强碱外，从粗沙土到轻黏土皆能生长，而以排水良好土层深厚富于钙质土壤生长最好。生长期内最忌积水，连续淹水 24～48h 即大量死亡。

二、适宜区域

适宜在我国黄淮海地区及类似地区种植。

三、栽培技术

（一）整地

苜蓿种子细小，幼苗较弱，早期生长缓慢，整地宜精细，要做到深耕细耙，上松下实，以利出苗。有灌溉条件的地方，播前应先灌水以保证出苗整齐。无灌溉条件地区，整地后进行镇压以利保墒。

（二）播种技术

1. 播种期

北方各省宜春播或夏播。西北、东北、内蒙古 4—7 月播种，最迟不晚于 8 月上旬。华北 3—9 月播种，而以 8 月为佳。

2. 播种量

15.0～22.5kg/hm² 。

3. 播种方法

单种时以条播为佳，行距 20～30cm。

4. 播种深度

湿润土壤为 1.5～2cm，干旱时播深 2～3cm，播后应镇压以利出苗。

（三）病虫杂草防治

杂草对苜蓿的危害有两个较为严重的时期。一个是在幼苗期，特别是春播和夏播苜蓿；另一个是在夏季收割后，杂草生长迅猛，影响苜蓿的生长，也影响产量。清除杂草有人工除草和化学灭草两种方法。化学除草剂又分土壤处理除草剂和茎叶处理除草剂。土壤处理剂有灭草猛、氟乐灵、拉索等。茎叶处理剂多为禾本科及阔叶杂草的选择性除草剂，因此，多选用 2,4 - DB 或与拿捕净混施效果较好。

紫花苜蓿常见的病害有：①霜霉病。主要危害叶部，病株顶部叶子黄萎，病叶向背方卷曲，叶背面生淡褐色霉层，严重时叶片枯死。此病多发生在温暖、潮湿的天气。防治方法是发病初期用波尔多液（5g 硫酸铜、5g 熟石灰、加水 1 000g）喷洒 1～2 次。注意将药液喷到叶子背面。也可采取提前刈割，阻止蔓延。②褐斑病。茎、叶、荚果上均现褐色病斑，到后期病斑上出现黑色平整的蜡状颗粒，即病菌的子囊盘，以此进行侵染。在平均气温 10.2～15.2℃，空气湿度 58%～75% 时，病害大量发生，严重时落叶率达40%～60%。防治方法是进行种子精选和消毒，种子田可用波尔多液和石灰硫黄合剂进行防除。

紫花苜蓿常见的虫害有：豆芫、蚜虫、潜叶蝇等，可用 40%乐果乳剂 1 000～2 000 倍液喷洒，效果较好，也可用敌百虫（美曲膦酯）0.5%～0.8%的稀释浓度（<1%），早、晚喷洒，就可防治。

四、生产利用

(一) 青饲

对草食家畜可作为主要饲料。幼嫩苜蓿也是猪、禽和幼畜最好的蛋白质补充饲料。每头每天喂量：乳牛 25～40kg，成年猪可达 7.5～10kg，体重 60kg 绵羊一般不超过 7kg，役畜（马、牛）40～50kg。喂猪、禽时应粉碎或打浆，喂马时应切碎，牛羊可整株喂给。粗老苜蓿可用上半段喂猪，下半段喂牛马。据分析，盛花期苜蓿上半段占总产量的 81%，消化干物质占总量的 60%，蛋白质占 64%，胡萝卜素占 77%，而粗纤维只占 39%。

(二) 放牧

开花前苜蓿喂反刍家畜时易引起膨气病，牛较羊易发生，泌乳母牛和带羔母羊又较一般牛和羊容易发生。苜蓿等豆科牧草含有皂角素，牛、羊等采食大量鲜嫩苜蓿后，可在瘤胃中形成大量泡沫物质不能排出，引起死亡或产乳力下降。开始饲喂或放牧苜蓿时应注意防止膨气病。放牧前喂以干草、露水未干前暂缓放牧，豆科牧草和禾本科牧草混播，均可防止或减少膨气病的发生。

中苜 7 号紫花苜蓿主要营养成分表（以风干物计）

收获期	水分 （%）	CP （%）	EE （g/kg）	CF （%）	NDF （%）	ADF （%）	CA （%）	Ca （%）	P （%）
初花期	6.5	20.0	18.7	24.7	39.9	29.4	8.8	2.22	0.21

注：农业部全国草业产品质量监督检验测试中心测定。

CP：粗蛋白，EE：粗脂肪，CF：粗纤维 NDF：中性洗涤纤维，ADF：酸性洗涤纤维，CA：粗灰分，Ca：钙，P：磷。

中苜 7 号紫花苜蓿单株

中苜 7 号紫花苜蓿群体

中苜 7 号紫花苜蓿根

中苜 7 号紫花苜蓿茎

中苜 7 号紫花苜蓿叶

中苜 7 号紫花苜蓿花

中苜 7 号紫花苜蓿荚果　　　　　　中苜 7 号紫花苜蓿种

9. 中苜 8 号紫花苜蓿

中苜 8 号紫花苜蓿（*Medicago sativa* L. 'Zhongmu No. 8'）是中国农业科学院北京畜牧兽医研究所利用植物组织培养技术，以耐盐、丰产为主要选育目标，将组培再生分化率较高的"武功苜蓿""和田苜蓿"和"拉达克苜蓿"的愈伤组织，经 0.3% 浓度甲基磺酸乙酯（简称 EMS）化学诱变剂处理、加 NaCl 胁迫培养基筛选，从 11 个耐盐变异体中再生出 52 棵植株，再将它们在 0.5% 浓度的 NaCl 胁迫下，通过盆栽耐盐筛选，从最终完成生育期的 3 棵耐盐植株上收获的种子后代，采用综合品种选育等方法而育成的耐盐、丰产苜蓿新品种。中苜 8 紫花苜蓿于 2017 年通过全国草品种审定委员会审定登记，登记号：521。该品种具有较强的耐盐性和丰产性，在黄淮海盐碱地，经多年多点比较试验证明，中苜 8 号紫花苜蓿平均干草产量 14 000～14 800kg/hm²。

一、品种介绍

豆科苜蓿属多年生草本植物，同源四倍体异花授粉植物。主根明显，种植 3 年的根深可达 1m 以上，侧根也比较发达，多分布于 10～40cm 土层中，三年生植株根茎在地表下 2～5cm 处。株型较直立、茎叶深绿色，越年生植株头茬初花期绝对高度为 85～100cm，分枝多，分枝斜生为主。叶形偏长椭圆形，总状花序，花浅紫色，荚果螺旋形，2～3 圈，每荚含种子 3～8 粒，种子肾形或宽椭圆形，黄褐色，千粒重 2.0g。

品种耐盐碱性、耐瘠薄性和再生性较好。在黄淮海地区种植春季返青起身快，每年可以刈割 4～5 茬，第一茬草产量约占全年草产量的 50%，在山东省无棣县 0～40cm 土层含盐量为 0.29%～0.35%、pH 7.62～8.60 的盐碱地上，以"中苜 1 号紫花苜蓿"和"无棣苜蓿"为对照品种，进行了三年的品比试验。结果表明："中苜 8 号紫花苜蓿"的产量分别比对照品种增产 9.87%～16.42%，说明其耐盐性和产量性状好于"中苜 1 号紫花苜蓿"和"无棣苜蓿"。经过多年、多点的品比试验、区域试验和生产试验，该品种表现出较好的遗传一致性和稳定性。

二、适宜区域

适宜黄淮海盐碱地或华北、华东气候相似地区种植。

三、栽培技术

(一) 选地

苜蓿对立地条件的适应范围较广，土层深度在 1m 以上的一般土壤均可种植，但地下水位高于 1.5m，排水不良的土地不适宜种植。

（二）整地

如果是新垦土地或前茬种植后存有较多杂草时，应选择合适的除草剂灭草。播前一定要精细整地，一般进行深翻、细耕、整平，做到地平土细、上松下实，以利出苗。如土质贫瘠，可在翻耕前每公顷施基肥（农家肥、厩肥）15 000～30 000kg，过磷酸钙 300～600kg 或其他氮、磷、钾混合肥。

（三）播种技术

1. 种子处理

由于紫花苜蓿新种子含有一定比例的硬实率，对新种子可在播前晒种 2～3 天或适当掺沙子混合翻晒碾压揉搓，播前可适当接种苜蓿根瘤菌，以利提高其根瘤固氮能力，为增加产草量提供氮源。

2. 播种期

紫花苜蓿从春季到秋季均可播种，但春、夏季播种容易与杂草共生，黄淮海及华北地区以秋播为宜，以减少杂草危害。秋季播种要注意防止苗小越冬遭受冻害，一般应在霜冻（即气温 0℃）之前，使幼苗留足 40 天以上的生长发育时间。此外，在黄淮海地区，为充分利用土壤墒情、早出苗，还可采用"顶凌播种"（即在白天土壤化冻、晚上土壤仍结冻的 2 月中、下旬播种）。

3. 播种量

人工高产饲草料地（即刈割草地）单播的播种量约为 22.5kg/hm^2，种子繁殖生产地播种量 3～6kg/hm^2。

4. 播种方式

人工高产饲草料地一般采用开沟条播，行距 20～30cm；种子繁殖生产地采用条播，行距 80～120cm（根据地域和土质条件而定），播种深度 2～3cm。

（四）水肥管理

中耕除草是紫花苜蓿成功建植的关键，尤其对春播或夏播地来说，苗期控制杂草特别重要。通过中耕及时消灭田间杂草，松土保墒，使幼苗正常生长发育。在每次刈割后，适当施肥（可追施 150～300kg/hm^2 的过磷酸钙或氮、磷、钾混合肥），同时，要根据土壤墒情和天气变化，合理灌溉或防涝，并及时防除田间杂草。由于紫花苜蓿怕涝，一般情况下，其根系连续积水浸泡三天以上，就会造成烂根，所以在雨季应特别注意排涝。对于种子繁殖生产地，在开花期后应严格控制浇水，以抑制其营养生长，促进生殖生长，提高种子产量。

（五）病虫杂草防控

紫花苜蓿常见病害主要有霜霉病、褐斑病、锈病。霜霉病多发生在温暖、潮湿的天气；而褐斑病多在气温为 10～15℃、空气湿度为 58％～75％时流行发病。霜霉病和褐斑病在发病初期，可通过喷施波尔多液防治（5g 硫酸铜＋5g 熟石灰＋1 000g 水），也可喷施石灰硫黄合剂防治，注意要喷施到叶面背部。锈病可用 15％粉锈宁 1 000 倍浓度液，或 65％代森锰锌 400～600 倍浓度液进行叶面喷施。

主要虫害有蓟马、叶象、蚜虫、元菁等，可用提前收割,将卵、幼虫随收割的茎叶一起带走,也可以通过喷洒杀虫药剂进行化学防治,但要注意施药时间和收割时间的间隔,以避免农药残留对家畜造成危害。

杂草的防控主要在播种—苗期的建植阶段,可通过人工中耕除草,或根据杂草种类喷施选择性除草剂加以防控。控制多年生杂草的除草剂一般在春季或秋季施用效果较好。

四、生产利用

紫花苜蓿的利用方式主要有人工草地放牧、刈割晒制干草捆(或加工成草粉、草颗粒、草砖、草块)、刈割制作青饲(或青贮)三种。如人工草地放牧利用,为防止反刍动物因过量采食青绿新鲜的豆科牧草,引发臌胀病,最好与禾本科牧草按一定比例混播,或在放牧前先饲喂一定量的干草或者青贮料。

刈割是紫花苜蓿生产利用中的最重要方式,也是其产业化生产中的关键环节之一,主要包括其刈割时间、刈割次数和留茬高度,它不仅关系到当年苜蓿的产草量和质量,而且会影响下一年苜蓿生长的持久性和产草量。①刈割时间。通常从其植株现蕾至初花期开始,植株从营养生长转入生殖生长阶段,饲草的品质将逐步下降。国内外大量研究结果表明:苜蓿最佳的刈割期应在现蕾期至初花期,最晚不能超过盛花期。否则,虽然可能获得较高的产草量,但由于茎叶比增大,饲草的营养品质和消化率均下降。为使苜蓿在最后一次刈割后,有足够的生长时间来进行光合作用,积累碳水化合物并输送到根茎，以维持苜蓿安全越冬和翌年再生，通常把最后一次刈割时间限制在苜蓿冬前停止生长或霜冻来临前 40 天。②刈割次数。这主要取决于种植当地的气候、土壤条件以及栽培管理水平，中苜 8 号紫花苜蓿在山东滨州地区每年可以刈割 4～5 茬。③留茬高度。留茬高度与产草量、品质及再生性紧密相关。通常机械化刈割收获时，留茬高度控制在 7～10cm 为宜，但秋季最后一次刈割时，应适当提高留茬高度至 10cm 以上，以利安全越冬。

根据农业农村部全国草业产品监督检验测试中心提供的测试结果，中苜 8 号紫花苜蓿营养成分如下：

中苜 8 号紫花苜蓿主要营养成分表（以风干物计）

收获期	水分 （%）	CP （%）	EE （g/kg）	CF （%）	NDF （%）	ADF （%）	CA （%）	Ca （%）	P （%）
开花期	6.0	16.8	21.4	31.6	4.5	5.5	7.7	2.0	0.17

注：农业部全国草业产品质量监督检验测试中心测定。

CP：粗蛋白，EE：粗脂肪，CF：粗纤维，NDF：中性洗涤纤维，ADF：酸性洗涤纤维，CA：粗灰分，Ca：钙，P：磷。

中苜 8 号紫花苜蓿单株　　　中苜 8 号紫花苜蓿群体

中苜8号紫花苜蓿根系

中苜8号紫花苜蓿花序

中苜8号紫花苜蓿荚果

中苜8号紫花苜蓿种子

10. 赛迪 7 号紫花苜蓿

赛迪 7 号紫花苜蓿（*Medicago sativa* L. 'SARDI 7'）是南澳研究与发展研究所联合皇家百绿集团澳大利亚分公司，育成的优质、高产、抗病性强（疫霉根腐病和炭疽病等）的紫花苜蓿新品种，并于 2005 年在澳大利亚登记。赛迪 7 号（Sardi 7）紫花苜蓿由北京市农林科学院北京草业与环境研究发展中心和百绿（天津）国际草业有限公司于 2007 年开始引种试验，2017 年通过全国草品种审定委员会审定登记，登记号：514。该品种具有高产优质、抗病性强和再生性好的特点。多年多点区域试验结果表明，适宜种植地区年均干草产量可达 17 000kg/hm²，第一次刈割草的粗蛋白、ADF 和 NDF 分别达 17.5％、30.0％和 37.5％。

一、品种介绍

豆科苜蓿属多年生草本植物。直根系，侧根多。株高达 100～150cm，茎斜生、茎秆粗细中等。大叶型、叶片深绿、叶量大，羽状三出复叶，小叶椭圆形。总状花序，腋生，小花紫色。荚果 2～4 回螺旋形。种子肾形，黄褐色，千粒重约 2.5g。该品种休眠级为 7 级，再生速度较快。

赛迪 7 号紫花苜蓿在北京地区于 3 月下旬返青，4 月底至 5 月初进入分枝期，5 月中旬进入现蕾期，5 月中下旬进入初花期和盛花期，5 月底进入结荚期，6 月底至 7 月初种子成熟，生育期约 98d。适应性强，喜温暖半湿润的气候条件，适宜在干燥疏松、排水良好的土壤中生长，忌积水，对土壤选择不严，pH 6～8 为宜；苗期生产缓慢，分枝后生长较快，刈割后再生能力强，北方可刈割 4～5 茬，南方可刈割 5～7 茬，产量高且稳定。

二、适宜区域

适宜我国河北、河南、四川、云南等地区种植。

三、栽培技术

（一）选地

对土壤选择不严，除重黏土、低湿地、强酸强碱土壤外，从粗沙土到黏土皆能生长，而以排水良好、土层深厚、富于钙质土上生长最好。以土壤 pH 6.5～7.5 为宜，成长植物可耐受的土壤含盐量为 0.3%。地下水位不宜过高，生长期间最忌积水。

（二）整地

播前须精细整地，要求地面平整，土块细碎，无杂草，墒情好，结合耕翻施入基肥，以 15 000kg/hm² 腐熟农家肥为宜。

（三）播种技术

1. 种子处理

初次种植紫花苜蓿的地块，播前宜用根瘤菌剂拌种，接种后及时播种。

2. 播种期

最适宜播种期为春、秋两季。四川、云南等西南地区适宜秋季播种，尤以 9 月和 10 月为佳。

3. 播种量

根据播种方式不同而定。单播播种量为 15.0～22.5kg/hm²，也可与禾草（如鸭茅、多年生黑麦草等）混播建立人工割草地，占总播种量的 30%～50%。

4. 播种方式

以割草为主要利用方式的单播条播，播种深度 1cm 左右，行距 25～30cm；以种子生产为目的的，条播行距 80～100cm。

5. 水肥管理

两年龄以上的赛迪 7 号紫花苜蓿地，每年春季返青前，清理田间留茬，并进行耕地保墒。每次刈割后要耙地追肥，灌区结合灌水追肥，入冬时要灌足冬水。

6. 病虫杂草防控

苗期要注意清除杂草。常见病虫害有霜霉病、锈病和褐斑病等，可用波尔多液、石流合剂、托布津等防治。虫害有蚜虫、浮尘子、盲蝽象、金龟子等，可用乐果等药物防治。

四、生产利用

赛迪 7 号紫花苜蓿的不同茬次叶茎比不同，在北京第一、二、三、四茬叶茎比分别为 0.88∶1、0.83∶1、0.75∶1、0.65∶1。既可刈割青饲、制作青贮，也可建植混播草地放牧利用。调制好的干草有清新的草香味，是大型反刍家畜非常喜食的优质粗饲料，同时亦可粉碎成优质苜蓿草粉作为猪、鸡等单胃动物的植物蛋白质饲料。鲜草适口性更佳，刈割后可直接饲喂家畜。不论青刈还是调制干草，最适宜的收割时期为孕蕾期至初花期，刈割留茬高度 5cm 左右，最后一茬 7～10cm。

赛迪 7 号紫花苜蓿主要营养成分表（以干物质计）

收获期	水分（%）	CP（%）	EE（%）	CF（%）	NDF（%）	ADF（%）	CA（%）	Ca（%）	P（%）
初花期	9.5	17.5	11.6	26.5	37.5	30.0	9.5	2.18	0.20

注：农业部全国草业产品质量监督检验测试中心测定。

CP：粗蛋白，EE：粗脂肪，CF：粗纤维，NDF：中性洗涤纤维，ADF：酸性洗涤纤维，CA：粗灰分，Ca：钙，P：磷。

赛迪 7 号紫花苜蓿花序　　　赛迪 7 号紫花苜蓿叶片

赛迪 7 号紫花苜蓿单株　　　赛迪 7 号紫花苜蓿根系

11. 玛格纳995 紫花苜蓿

玛格纳 995 紫花苜蓿（*Medicago sativa* L. 'Magna995'）是克劳沃（北京）生态科技有限公司从美国引进的紫花苜蓿品种。2018 年通过全国草品种审定委员会审定登记，登记号：539。玛格纳 995 在美国苜蓿生产中广泛使用，秋眠级 9.0、耐热、综合抗病虫能力强、抗倒伏、耐机械碾压、再生性好、产草量很高、饲草性佳，适宜规模化种植。

一、品种介绍

豆科苜蓿属多年生草本植物。株高 90～110cm。主根粗壮，入土深，根茎发达。枝叶繁茂，茎直立、四棱形、中空，分枝数约 5～15 个，无毛或微被柔毛。羽状三出复叶，托叶大，卵状披针形。基部全缘或具 1～2 齿裂，脉纹清晰；叶柄比小叶短；小叶长卵形、倒长卵形至线状卵形。总状或头状花序，长 1～2.5cm，具 5～30 朵小花。荚果螺旋状，中央无孔或近无孔，直径 5～9mm，被柔毛或渐脱落，脉纹细，不清晰，成熟时棕色，有种子 10～20 粒。种子卵形，长 1.0～2.5mm，种皮平滑，黄色或棕色。千粒重 2.23g。

适应性强，喜温暖、半湿润的气候条件，对土壤要求不严，除太黏重的土壤、瘠薄的沙土及过酸或过碱的土壤外都能生长，最适宜在土层深厚、疏松且富含钙质的壤土中生长。玛格纳995不宜种植在强酸、强碱土中，以 pH 6.5～8.0 为宜，pH 6 以下时根瘤不能形成，pH 5 以下时会因缺钙不能生长。可溶性盐分含量高于 0.3%、氯离子超过 0.03%，幼苗会受到盐害影响生长。种子在 5～6℃可发芽，最适发芽温度为 25～30℃。

水肥是保证高产、稳产的关键因素之一。虽然喜水，但不耐涝，忌积水，连续淹水 3 天以上，将引起根部腐烂而大量死亡，种植苜蓿的地块一般地下水位不应高于 1m，地块平坦且排水通畅。

二、适宜区域

玛格纳995秋眠级为9，适宜在我国西南地区及南方丘陵地区种植，每年可刈割 5～8 次，再生速度快，耐频繁刈割，干草产量为 21～23t/hm²。

三、栽培技术

(一) 选地

对土壤要求不严格，农田、沙地和荒坡地均可栽培；大面积种植时应选择较开阔平整的地块，以便机械作业。

(二) 整地

玛格纳995种子细小，播种前需精细整地。翻耕深度不低于 20cm，翻耕后对土壤进行耙磨，使土壤细碎，地块尽量平整。在地下水位高或者降雨量多的地区要注意做好排水，防止后期发生积水烂根情况。

（三）播种技术

1. 播种期

播种期可根据当地气候条件和前作收获期而定，因地制宜。西南地区及南部丘陵地区可春播、秋播。春播多在气候条件稳定、水分条件较好、田间杂草较少的时期进行。秋播时间多在 9 月，由于气温逐渐降低，杂草和病虫害减小，适宜幼苗生长和根系发育，是苜蓿播种的最佳时期。

2. 播种量

单播时的播种量为 $12.0\sim15.0$kg/hm^2。和禾本科牧草混播时可根据利用方式和利用年限进行合理配比。播种前种子进行根瘤菌接种，将对出苗、壮苗和增产很有效，每千克苜蓿种子只需接种"多萌"根瘤菌 $10\sim12$g。

3. 播种方式

播种方式主要有条播、撒播和穴播。条播更有利于大面积的田间管理和收获晾晒。若利用方式为调制干草，其播种行距为 $25\sim35$cm。

玛格纳995紫花苜蓿种子细小，顶土能力差，播种过深影响出苗。播种深度可根据土壤类型而有所调整，中等和黏质土壤中的播种深度为 $6\sim12$mm，沙质土壤的播种深度为 $12\sim25$mm。土壤水分状况好时宜浅播，土壤较干旱时宜深播。

（四）水肥管理

紫花苜蓿种植时建议先测量土壤养分，根据土壤养分状况确定合理的肥料比例和用量，一般建议施用 $450kg/hm^2$ 复合肥做底肥，每次刈割后都应追施少量过磷酸钙或磷酸二氢铵 $10\sim20kg/hm^2$，以促进再生。越冬前施入少量的钾肥，以提高次年的越冬率。

种植地区的年降水量以 $600\sim800mm$ 为宜，超过 $1\,000mm$ 则不利于后期的收获和晾晒，而且容易积水，导致苜蓿生长不良或根系腐烂。

（五）病虫杂草防控

苜蓿的病害主要有锈病、褐斑病、根腐病和炭疽病等，导致病害发生的因素很多。玛格纳 995 品种本身抗病性强，在日常管理中通过合理的栽培措施，就可以防止病害的发生。锈病可通过喷施 15％粉锈宁 1 000 倍液或 65％代森锰锌 400～600 倍液进行预防。

苜蓿虫害主要有蚜虫、蓟马、夜蛾等，可通过喷洒高效低毒药的药剂进行化学防治，施药时间和收割时间要有适当的间隔期，以避免农药残留对家畜造成危害。

杂草在建植阶段通过与苜蓿幼苗竞争养分和空间而影响苜蓿幼苗生长，进而造成减产。有效的杂草防除工作应贯穿整个生产过程，特别是在播种前和苗期。彻底的耕翻作业可以将一年生杂草连根清除并控制已生长的多年生杂草。控制多年生杂草的除草剂应在春季或者秋季施用。

四、生产利用

玛格纳995是高产优质的紫花苜蓿新品种，茎秆纤细，叶量大，饲草品质佳。丰产性好，再生性强，可多次刈割利用，通常一年可刈割5～8次。平均干草产量21t/hm²，丰产年份可达23t/hm²。在我国西南方地区及南部丘陵地区广泛用于人工草地建植。

玛格纳995紫花苜蓿主要营养成分表（以风干物计）

收获期	水分（%）	CP（%）	EE（g/kg）	CF（%）	NDF（%）	ADF（%）	CA（%）	Ca（%）	P（%）
抽穗期	9.3	18.3	13.7	27.0	37.7	29.9	8.3	1.53	0.21

注：农业部全国草业产品质量监督检验测试中心测定。

CP：粗蛋白，EE：粗脂肪，CF：粗纤维，NDF：中性洗涤纤维，ADF：酸性洗涤纤维，CA：粗灰分，Ca：钙，P：磷。

玛格纳995紫花苜蓿花

玛格纳995紫花苜蓿叶

玛格纳995紫花苜蓿群体

玛格纳995紫花苜蓿根

12. 赛迪 10 紫花苜蓿

赛迪 10 紫花苜蓿（*Medicago sativa* L.'SARDI10'）是由 SARDI（南澳大利亚研究与开发研究所——澳大利亚最大的紫花苜蓿育种和评估机构）与百绿集团联合培育成的紫花苜蓿新品种。赛迪 10 原种（L904）是由 14 个冬季活跃型品系选育出来的。2000 年用原种 L904 进行扩繁得到赛迪 10 的育种家种子，2002 年在澳大利亚获得登记保护，2007 年在澳大利亚获得授权。2018 年通过全国草品种审定委员会审定登记，登记号：540。赛迪 10 紫花苜蓿有较强的适应性与生长性能，多年多点比较试验证明，平均亩产鲜、干草量分别为 6 045kg 和 1 492kg，鲜草产量分别高出 6.97% 和 13.88%，干草产量分别高出 8.79% 和 18.5%。

一、品种介绍

豆科苜蓿属多年生草本植物。秋眠级为 10 级的优质高产、多用途紫花苜蓿品种。主根粗大，入土深度均达 1.2m 以上，根部有根瘤；茎直立，根茎部着生有一级分枝，约 33 个左右，一级分枝上有二级分枝，约 98 个左右；叶色深绿，叶量大；总状花序，腋生，由 25 朵左右小花组成，花紫色、蝶形、异花授粉；有少量荚果，呈螺旋形，2～4 回，不开裂，荚果内有少量种子；种子为黄色肾形，千粒重 2.7g。

赛迪 10 在南方地区 9 月至 11 月秋播。采用撒播或条播的方式，播种量 10～15kg/hm²，行距 30～40cm，播种深度为 2～3cm。可与其他禾本科牧草混播，混播时每亩播种量为 0.5～1.0kg。在分枝期、现蕾期和每次刈割后每亩各施 5～10kg 的复合肥，施肥后及时灌溉，并注意排除田间积水，在苗期易受杂草危害，要中耕除草 1～2 次。

赛迪 10 属冬季半活跃型，具有适应性广、适应性强的特点，最适生长温度为 15～21℃，种子发芽适宜温度为 25～30℃。在冬季温度较低时，相比对照品种仍能生长，具有较强的抗寒性、抗倒伏性、抗病性。但该品种在积水条件下，生长受到阻碍，不耐涝。

二、适宜区域

赛迪 10 适宜在福建、广东、云南等南方地区，及水热条件较好的华北地区种植。

三、栽培技术

（一）选地与整地

播种前要求精耕细作。选择有水浇条件，土层深厚疏松，土质较肥沃的平地。耕深约 30cm 左右，耕后耙平，要求土块细碎，土块直径≤1.5cm，墒情好，使种子与土壤紧密接触，土壤的含水量为田间最大持水量的 50%～80% 时，对其生长较为有利，雨量丰富的地区应挖好排水沟。整地前根据土壤肥力，每亩施 1 000～2 000kg 腐熟农家肥作基肥或尿素 5～10kg，过磷酸钙 30～40kg。

（二）播种

1. 播种时间

赛迪 10 紫花苜蓿一般春、夏、秋播均可。春播在 3—4 月，适宜的发芽和苗期土壤温度为 10～25℃，土壤有足够的墒情，并且疏松透气，春播时要防止干旱出苗不齐及杂草。秋播在 9—11 月，此时，气温高，雨水多，幼苗生长快，但杂草及病虫危害严重。在我国南方适宜 9 月中旬至11 月上旬播种。

2. 种子处理

播种前种子要经过精选，去掉杂质，净度在 90% 以上，发芽率 85% 以上。播种前要进行根瘤菌接种，接种方法可用根瘤菌剂拌种，也可进行种子包衣。

3. 播种方法

主要有条播和撒播两种。条播行距一般在 30～45cm，最好用苜蓿专用播种机播种，没有专用播种机的也可借助小麦播种机适当调整后进行播种。撒播全田覆盖较完全，可利用赛迪 10 的遮蔽作用，抑制杂草的生长，但要注意苗期防除杂草。

4. 播种量及密度

播种量要根据种子发芽率确定，一般在 15kg/hm² 左右。赛迪 10 生长中存在自然稀疏现象，密度稀时分枝多，密度大时分枝少，因此，播种量要控制在适当范围。

5. 播种深度

根据土壤质地和墒情而定，条播适当深一些，撒播适当浅一些。一般播深在 2～3cm，不要过深或过浅，否则出苗弱，影响产量。播后视墒情及时喷灌，防止干旱。

（三）田间管理

1. 苗期管理

赛迪 10 在播种当年的生长前期，主要管理措施是防治杂草和保证土壤墒情，以利于幼苗的良好生长。

2. 施肥

赛迪 10 是豆科牧草，可固定空气中的氮素，施肥重点是磷钾肥，但幼苗期的根瘤尚未形成前，施用氮肥是必要的。低肥力地块亩底施氮肥 3～4kg，磷肥 6～8kg，钾肥10～12kg，或者亩施紫花苜蓿专用肥 45～55kg。高肥力地块亩底施氮肥 2kg 左右，磷肥 4～6kg，钾肥 8～10kg，或亩底施紫花苜蓿专用肥 35～45kg。有条件的地方可以亩施农家肥1 500～2 000kg，化肥用量可减少 30%。每茬草收割后，由于带走一定的养分，因此，应结合浇灌补充磷钾肥，一般每亩追磷肥 3～5kg，钾肥 4～6kg，全年至少应在越冬前追施 1 次。

3. 灌溉

赛迪 10 虽然根系发达，能吸收深层土壤水分，但在其整个生长过程中，依然需要大量的水分才能满足生产要求。适时灌溉，不但可增加产量，品质也得到提高。灌溉时期视土壤水分和降雨情况，主要为播后苗期、收割后、越冬前和返青后。

4. 病虫草防治

在赛迪 10 生长期要注意病虫草的发生和防治，杂草防治一般选择普施特，病虫则针对发生类型、程度，视农药的残留期，在收割前适时喷洒适宜药剂。

5. 越冬管理

越冬前要保证植株的一定生长势和土壤的墒情，浇好冻水和追肥。春季及时浇灌返青水，促苗早发。

四、生产利用

赛迪 10 紫花苜蓿平均茎叶比为 0.6，具有叶量大、叶量丰富的优点。植株高度在 35～45cm 时刈割，留茬 5～8cm，其营养成分丰富，在营养生长期的粗蛋白含量为 25.93％，可刈割收获后利用，也可直接放牧，刈割和放牧后再生性非常强，适宜青饲、青贮、加工干草、混合放牧等。赛迪 10 紫花苜蓿收割要根据产量、品质和有利于生长的原则确定收割期。一般在开花前收割，养分含量较高。冬前最后一次收割，应注意留有 40～50 天的生长时间，以保证安全越冬和次年生长。机械收获留茬高度一般在 5cm 较适合。经常做多年生利用，在秋季种植，可以与水稻轮作，也可以利用冬闲田种植，缓解草食畜禽冬季缺草的状况。

赛迪 10 紫花苜蓿主要营养成分表（占干物质计）

收获期	CP（％）	EE（g/kg）	CF（％）	CA（％）	Ca（％）	P（％）
初花期	25.93	4.2	21	9.63	1.93	0.34

注：农业部全国草业产品质量监督检验测试中心测定。

CP：粗蛋白，EE：粗脂肪，CF：粗纤维，CA：粗灰分，Ca：钙，P：磷。

赛迪 10 紫花苜蓿叶

赛迪 10 紫花苜蓿根系

赛迪 10 紫花苜蓿花

赛迪 10 紫花苜蓿群体

13. 玛格纳601紫花苜蓿

玛格纳601紫花苜蓿（*Medicago sativa* L. 'Magna 601'）是由克劳沃（北京）生态科技有限公司从美国 Dairy-land Seed Company 公司引进的。2017年通过全国草品种审定委员会审定登记，登记号：520。玛格纳601紫花苜蓿的秋眠级为6，抗寒指数为2.0。侧根系发达，分枝多，茎秆较细。耐热、抗病虫性强，适应性广，丰产性好，饲草品质佳，适宜在我国西南、华东和长江流域等地区种植。多年多点的区域试验结果表明，年均干草产量19～23t/hm²。

一、品种介绍

豆科苜蓿属多年生草本植物。主根发达，茎秆直立、秆细，株高90～110cm，叶量丰富、分枝多。三出复叶，叶片较大，距地面30～40cm高草层内小叶平均长2.75cm，宽1.8cm。总状花序，主枝花序长平均3.56cm，紫色花为主。种子肾形或宽椭圆形，两侧扁，黄色至浅褐色，千粒重约2.23g。

玛格纳601紫花苜蓿再生性好，耐刈割，一年可刈割5～8茬。生产潜力大，产草量突出，年产干草19～23t/hm²。饲草品质好，利用价值高。适口性好，各种家畜均喜食。耐热、耐旱、抗病虫能力强，对6种主要苜蓿病害都有很强的抗性。持久性好，利用年限长。

二、适宜区域

适宜在我国西南、华东和长江流域等地区种植。

三、栽培技术

（一）选地

选择地势平坦，便于机械化作业的地块。土层深厚，有机质含量高，土壤肥沃。有丰富的水源且水质优良（盐碱含量低），能满足灌溉需要。沙壤土或壤土，土壤 pH 6.5~8.0 最佳，不适宜在酸性、低洼易积水、地下水位高于 1m 的田块种植。要求精耕细作。

（二）整地

苜蓿种子细小，播种前土壤应精耕细作，上虚下实，通过翻耕清除杂草，保持土壤平整和墒情。如果杂草严重时，可用除草剂先处理杂草，然后再翻耕。在土壤黏重或降雨较多的地区要开挖排水沟。结合翻耕，施足底肥，有机肥用量为 15 000~30 000kg/hm²，以磷钾肥为主的复合肥用量为 375~450kg/hm²。

（三）播种技术

1. 种子处理

苜蓿在苗期根系形成后自然会着生根瘤进行生物固氮，

但是为了提高有效根瘤菌数量和固氮能力，最好在种植前对苜蓿种子进行根瘤菌接种，以增加单位土壤中根瘤菌的含量，促进根瘤的生成。实践证明，接种"多萌"根瘤菌后苜蓿产草量较未接种的提高30％以上，增产效果能持续两年左右，牧草的质量也有明显改变。

2. 播种期

苜蓿播种有较为严格的季节性，应选择适宜的播种时期。最适宜苜蓿种子发芽和幼苗生长的土壤温度为10～25℃，田间持水量为75％～80％，土壤需疏松透气。

玛格纳601在华东和长江流域，春播时杂草危害较严重，夏播时由于气温过高不利于幼苗生长，因此，更适宜秋播，通常在9月播种。在西南地区春、夏、秋季节均可播种，但以秋播最为经济、效果好。

3. 播种量及播种方式

单播苜蓿田，条播行距25～30cm，播量12～15kg/hm²，播深1～2cm。与禾本科牧草鸭茅、苇状羊茅等混播时，"玛格纳601"种子撒播的播量为6.75～7.5kg/hm²，禾本科种子播量为22.5～30kg/hm²。播后适当镇压，利于出苗。

（四）水肥管理

玛格纳601喜水肥，干旱季节需进行灌溉，但是忌水涝，苜蓿根系长时间受涝会导致烂根，造成植株大批死亡，因此，排灌作业很重要。

在苜蓿的整个生长阶段要定期取土样测定土壤肥力状况，实现测土配方科学施肥。通常在每次刈割后根据土壤肥力情况进行适当追肥，肥料以磷钾肥为主，施用量为225～

$300kg/hm^2$。

（五）病虫杂草防治

播种前杂草防除最关键，结合翻耕用禾烯啶和莎阔丹消灭杂草，苗期用苜草净防除杂草。苜蓿受到病虫危害后，往往引起茎叶枯黄或出现病斑，叶片残缺甚至落叶，生长不良，使苜蓿产量下降，品质变劣，利用年限缩短，在生产上造成很大损失，甚至会造成完全失败。所以，病虫害防治是苜蓿田间管理上值得重视的方面。苜蓿的病害主要有锈病、褐斑病、根腐病和炭疽病等，导致病害发生的因素很多。玛格纳601品种本身抗病性强，在日常管理中通过合理的栽培措施，就可以防止病害的发生。锈病可通过喷施15％粉锈宁1 000倍液或65％代森锰锌400～600倍液进行预防。苜蓿虫害主要有蚜虫、叶象甲、夜蛾和蓟马等，可通过喷洒药剂进行化学防治，但是施药时间和收割时间一定要有间隔，以避免农药残留对家畜造成危害。

四、生产利用

最适宜的收获期是现蕾期至初花期，第一次刈割时间最好在现蕾期，每茬次的刈割时间别滞后，否则会影响下一茬草的生长。刈割时最好避开阴雨天，留茬高度5cm。最后一次刈割必须在霜冻来临前30天左右，留茬高度7～8cm。

玛格纳601在四川西昌、云南小哨、贵州独山、安徽合肥和河南郑州都能良好生长，每年至少可刈割 5 茬，丰产性好，平均干草产量在 19t/hm² 以上。

（一）制作干草

刈割后待苜蓿晾晒至含水量为 22% 以下时，即可进行田间打捆，通常利用晚间或早晨空气湿度比较高时进行，以减少因苜蓿叶片损失而降低饲草品质。堆垛时草捆之间要留有通风口，以便草捆继续散发水分达到安全贮藏条件。

（二）青贮

遇到夏季雨季收获时，经济有效的方式是制作青贮或半干青贮。苜蓿收割后晾晒至水分含量在 45%～65%（叶片卷缩，叶柄易折断，挤压茎秆有水溢出）时进行半干青贮。半干青贮技术是近年来一些畜牧业发达国家广泛采用的牧草青贮技术之一。它的特点是调制的半干青贮料有机酸含量低，pH 较高（4.5～5.0），原料中的糖分和蛋白质被分解的比例小，品质佳，适口性好，家畜喜采食。

玛格纳 601 紫花苜蓿主要营养成分表（以风干物计）

收获期	CP（%）	EE（g/kg）	CF（%）	NDF（%）	ADF（%）	CA（%）	Ca（%）	P（%）
初花期	21.0	19.5	25.5	34.8	27.6	10.8	2.73	0.21

注：农业部全国草业产品质量监督检验测试中心测定。

CP：粗蛋白，EE：粗脂肪，CF：粗纤维 NDF：中性洗涤纤维，ADF：酸性洗涤纤维，CA：粗灰分，Ca：钙，P：磷。

玛格纳 601 紫花苜蓿叶片

玛格纳 601 紫花苜蓿根系

玛格纳 601 紫花苜蓿花序

玛格纳 601 紫花苜蓿生产田

14. DG4210 紫花苜蓿

DG4210 紫花苜蓿（*Medicago sativa* L. cv. DG4210）是北京正道生态科技有限公司从美国引进的紫花苜蓿品种，2009 年在美国 AOSCA（Association of Official Seed Certifying Agencies）进行登记，2018 年通过全国草品种审定委员会审定，登记号：541。DG4210 经由 17 个亲本杂交选育而来，育种目标主要是牧草产量高、品质好、持久性强以及抗多种常见病虫害等，主要用于我国华北、东北、西北等地区优质紫花苜蓿干草及青贮的生产、草场建设及畜牧业相关产业。

一、品种介绍

豆科苜蓿属多年生草本植物。直根系，主根发达，主要分布在 0～30cm 土层，根部共生根瘤菌，常结有较多的根瘤，由根茎处生长新芽和分枝，一般有 25～40 个分枝。株高 70～150cm，茎直立，光滑，粗 2～4mm，多叶型品种，多叶率 83％，常见 5～7 出羽状复叶，叶片大，小叶长圆形，蝶形花，花蓝色或紫色，异花授粉，虫媒为主。DG4210 秋眠级为 4 级，抗寒指数为 1，抗病指数为 30/30。多叶率高，适口性好，消化率高，具有较高的饲喂价值。再生速度快，刈割后恢复能力强，牧草产量高，品质好。

二、适宜区域

DG4210，具有较强的抗寒能力。2012年开始在河北三河、甘肃武威、宁夏银川等地区进行引种及区域试验，表现良好，在保证牧草产量高、品质好的同时，也表现出突出的抗旱能力。再生速度快，适宜在我国西北、华北、东北地区进行推广种植，每年可刈割3～4次，干草产量为15 000～18 000kg/hm² 。

三、栽培技术

（一）选地

DG4210适应性较强，对土壤要求不严格，农田、沙地和荒坡地均可栽培；大面积种植时应选择较开阔平整的地块，以便机械作业。进行种子生产要选择光照充足、降雨量少、利于花粉传播的地块。

（二）整地

播种前需要深耕精细整地，对土地进行深翻，翻耕深度不低于20cm，如果是初次种植的地块，翻耕深度应不低于30cm。翻耕后对土壤进行耙磨，使地块尽量平整。播前进行镇压，将土壤镇压紧实，以利于后期的出苗。在地下水位高或者降雨量多的地区要注意做好排水系统，防止后期积水烂根。

（三）播种技术

1. 播种期

播种期可根据当地气候条件和前作收获期而定，因地制宜。DG4210 适宜在北方地区种植，可春播、夏播或者秋播，春播多在春季墒情较好、风沙危害不大的地区进行。内蒙古地区也有早春顶凌播种。夏播常在春季土壤干旱、晚霜较迟或者春季风沙过多的地区进行。西北、东北和内蒙古一般是 4—7 月播种，最迟不晚于 8 月。风沙大的春播区可以采用保护播种的方式，先播种燕麦，燕麦出苗前播种苜蓿，建植易成功。一般建议秋播，杂草少。

2. 播种

播种方式主要有条播、撒播和覆膜穴播，但一般建议条播，便于田间管理。可单播也可混播，单播时行距建议为 12～20cm，播量为 22.5～30.0kg/hm^2。也可和其他豆科及禾本科牧草进行混播，紫花苜蓿生长快，分枝较多，枝叶茂盛，刈割次数多，产量高，和其他禾本科牧草进行混合播种时，可根据利用目的和利用年限进行配比，一般建议禾本科和豆科牧草比例为 1：3。

DG4210 紫花苜蓿种子细小，顶土能力差，播种过深时影响出苗。播种深度根据土壤类型而有所调整，中等和黏质土壤中的播种深度为 6～12mm，沙质土壤的播种深度为 12～20mm。土壤水分状况好时可减少播种深度，土壤干旱时应加大播种深度，一般建议播深为 1～2cm。

3. 杂草防除

控制和消灭杂草是田间管理的关键。苜蓿苗期生长缓慢，须除草 2～3 次，以免受杂草的危害，有些地区，其后年份的杂草防除也不能忽视。越冬前应结合除草进行培土以利于越冬。早春返青及每次刈割后，应进行中耕松土，清除杂草，促进再生。

（四）水肥管理

虽然 DG4210 的抗旱性比较强，但其对水分的要求比较严格，水分充足时能促进其生长和发育。在年降水量 600mm 以下时，灌溉可以明显增产，在潮湿地区，当旱季来临、降水量少时灌溉能保持高产。在半干旱地区，降水量不能满足高产的需要，需酌情补水才能获得高产。在生长季较长的地区，每次刈割后进行灌溉，可获得较大的增产效果，但长期的田间积水会导致植株死亡。

增施肥料和合理施肥是苜蓿高产、稳产、优质的关键，多次刈割苜蓿会不断消耗土壤中矿物质元素，甚至也会在肥沃的土壤上造成一种或多种元素的缺乏。紫花苜蓿种植时建议先测量土壤养分，根据土壤养分状况确定合理的肥料比例和用量，一般建议施用 450kg/hm² 复合肥做底肥，每次刈割后都应追施少量过磷酸钙或磷酸二氢铵 10～20 kg/hm²，以促进再生。越冬前施入少量的钾肥和硫肥，以提高次年的越冬率。

（五）病虫杂草防控

常见病害主要有锈病、褐斑病和根腐病，在干燥的灌溉区发病严重，发病初期可通过喷施 15％粉锈宁 1 000 倍液或 65％代森锰锌 400～600 倍液进行预防。病害的发生受多种因素的影响，种植过程中需制定合理的栽培措施，做到及时预防才能有效减少病害的发生与危害，实现高产、优质和高效。

虫害主要有蓟马、叶象、蚜虫、元菁等，可提前收割，将卵、幼虫随收割的苜蓿一起带走，也可以通过喷洒药剂进行化学防治，要注意施药时间和收割时间的间隔，避免药效残留对家畜造成危害。

杂草在苜蓿建植阶段通过与苜蓿幼苗竞争并挤压幼苗，造成苜蓿减产。有效的杂草防除工作，应从播种前开始并始终贯穿草地的整个生产过程。彻底的耕翻作业可以将一年生杂草连根清除并控制已生长的多年生杂草。控制多年生杂草的除草剂应在春季或者秋季施用。

四、生产利用

DG4210主要用于干草生产、青贮利用和人工草地混播。在西北、东北和华北等省（区）有灌溉条件或降雨量较多时，每年可刈割3～5次，在内蒙古、新疆、甘肃等地无灌溉条件的地区，每年可刈割2～3次，增加刈割次数容易使苜蓿的叶茎比降低。一般建议在初花期刈割比较合适，或者植株高度达到70cm时开始刈割，否则牧草品质开始下降。留茬高度影响产草量和植株存活情况，一般留茬高度为5～6cm，秋季最后一次刈割应该留茬10～15cm，保证以后发枝良好生长，促进营养物质特别是糖类在根系中的积累与储存，促进基部和根上越冬芽的成熟。一般建议在初霜期来临前30天停止刈割，如果这个时候刈割就会降低根和根茎中碳水化合物的贮藏量，因而不利于越冬和翌年春季生长。

在单播紫花苜蓿地上放牧家畜或用刚刈割后的鲜苜蓿饲喂家畜时，容易得鼓胀病，不要让空腹的家畜直接进入嫩绿的苜蓿地放牧，或放牧前饲喂一些干草和青贮料，或刈割晾晒后再进行放牧。

"DG4210"紫花苜蓿主要营养成分表（以风干物计）

收获期	水分（%）	CP（%）	NDF（%）	ADF（%）	CA（%）	Ca（%）	P（%）
初花期	9.4	20.2	35.4	26.9	9.3	1.98	0.26

注：农业部全国草业产品质量监督检验测试中心测定。

CP：粗蛋白，NDF：中性洗涤纤维，ADF：酸性洗涤纤维，CA：粗灰分，Ca：钙，P：磷。

DG4210 紫花苜蓿叶片

DG4210 紫花苜蓿根系

DG4210 紫花苜蓿群体 1

DG4210 紫花苜蓿群体 2

15. 赛迪 5 号紫花苜蓿

赛迪 5 号紫花苜蓿（*Medicago sativa* L. 'Sardi5'）是百绿（天津）国际草业有限公司从荷兰皇家百绿集团澳大利亚分公司（Heritage seeds）引进的紫花苜蓿品种，由南澳大利亚研发中心（SARDI）联合皇家百绿集团澳大利亚分公司（Heritage seeds）共同选育。2018 年通过全国草品种审定委员会审定登记，登记号：538。赛迪 5 号是从 6 个冬季休眠型的品系中选育而来，育种目标主要是持久性好、产量高，对苜蓿蚜虫、病害和线虫等有很强的抗性，叶量丰富、分蘖强等，主要用于我国北方暖温带地区优质紫花苜蓿干草和青贮的生产及放牧利用。

一、品种介绍

豆科苜蓿属多年生草本植物。主根粗壮，根系强大，根部共生根瘤菌，常结有较多的根瘤，由根茎处生长新芽和分枝，一般有 25～40 个分枝。株高 70～130cm，茎为四棱形，细茎斜生，叶宽大，叶片深绿，总状花序或头状花序，蝶形花，荚果，种子肾形，异花授粉，靠种子繁殖。

赛迪 5 号秋眠级为 5 级，叶茎比高，适口性好，消化率高。牧草产量高，品质好，再生性好，持久性强，耐寒、耐旱、耐牧性强，抗病虫害能力强，尤其在抗斑点紫花苜蓿蚜虫、蓝绿蚜虫方面表现突出。

二、适宜区域

赛迪5号紫花苜蓿适应性广，适合在京津冀、山东、山西、陕西等温暖、半湿润的气候区域生长，不宜种植在强酸、强碱土中，喜欢中性或偏碱性的土壤，以 pH 7～8 为宜，含盐量小于 0.3%。赛迪5号耐寒、耐旱，其再生性好，持久性强，中等管理水平可利用7年以上。

自引种后多年试验的数据显示，在灌溉和干旱条件下赛迪5号在放牧型草地上均表现出高产和高品质的特性，其再生性好，持久性强，是非常耐牧的品种。2007年开始在北京、山东等多地区进行引种及区域试验，表现良好，年均干草产量为 15 500～18 000kg/hm^2。在保证牧草产量高、品质好的同时，赛迪5号也表现出突出的耐寒和耐旱能力，适宜在我国京津冀、山东、山西、陕西、西南中高海拔地区推广种植。

三、栽培技术

（一）选地

赛迪5号适应性较强，喜中性或弱碱性的土壤，农田、沙地和荒坡地均可种植，但在土层深厚、排水良好的地块种植最佳。大面积种植时应选择开阔平整的地块，便于机械作业。

（二）整地

赛迪5号种子细小，播种前需要精细整地，对土地进行深翻，翻耕深度不低于20cm，如果是初次种植的地块，翻耕深度应不低于30cm。翻耕后对土壤进行耙磨，使地块尽量平整。播前进行镇压，将土壤镇压紧实，以利于后期的出苗。在地下水位高或者降雨量多的地区要注意做好排水，防止后期发生积水烂根。

（三）播种技术

1. 播种期

赛迪5号紫花苜蓿可春播、夏播和秋播，春季墒情好，风沙危害小的地区适宜春播，春播一般在3月下旬至4月初进行。春季干旱，晚霜较迟，风沙较多的地区可以考虑在雨季夏播。秋季墒情较好，冬季不太严寒，越冬前株高能够达到10～15cm的地区可秋播，此时杂草危害较轻，播种效果最为理想。

2. 播种方式

播种方式主要有条播、撒播和穴播，一般建议条播，便于田间管理。可单播也可混播，单播时播量为15～22.5kg/hm²，行距为15～25cm，播种深度1～2cm。也可与禾本科牧草进行混播，赛迪5号是冬季半休眠型品种，冬季产量较低，非常适合与冬季生长活跃的一年生或多年生禾本科牧草混播，一般建议豆科和禾本科牧草比例为1：3。

（四）水肥管理

赛迪5号耐旱性强，但仍需充足的水分才能保证其高产。在降水量较少的半干旱地区，需要灌溉来满足高产的需要。在生长季较长的地区，每次刈割后进行灌溉，有明显的增产效果，但长时间的田间积水会导致植株死亡。入冬时需灌足冬水来提高植株的越冬率。

增施肥料和合理施肥是苜蓿高产、稳产、优质的关键。多次刈割苜蓿会不断消耗土壤矿物质元素，甚至也会在肥沃的土壤上造成一种或多种元素的缺乏。播前应测定土壤的肥力状况，根据土壤肥力状况来确定肥料的比例和用量，一般建议施用 $450kg/hm^2$ 复合肥做底肥，每次刈割后都应追施少量过磷酸钙或磷酸二氢铵 $10\sim20kg/hm^2$，以促进再生。越冬前施入少量的钾肥和硫肥，以提高植株的越冬率。

（五）病虫杂草防治

常见病害主要有锈病、褐斑病和根腐病，在干燥的灌溉区发病严重，发病初期可通过喷施 15％粉锈宁 1 000 倍液或65％代森锰锌 400～600 倍液进行预防。

虫害主要有蓟马、叶象和蚜虫等，可提前收割，将卵、幼虫随收割的苜蓿一起带走，也可以通过喷洒药剂进行化学防治，要注意施药时间和收割时间的间隔，避免药效残留对家畜造成危害。

有效的杂草防除工作应从播种前开始并始终贯穿草地的整个生产过程。播种前可使用氟乐灵除去地里的阔叶杂草。苜蓿苗期生长缓慢，需除草 2～3 次，以免受杂草的危害，但在有些地区，其后年份的杂草防除也不能忽视，越冬前应结合除草进行培土来帮助越冬。早春返青及每次刈割后，应进行中耕松土，清除杂草，促进再生。彻底的耕翻作业可以将一年生杂草连根清除并控制已生长的多年生杂草。控制多年生杂草的除草剂应在春季或者秋季施用。

四、生产利用

赛迪 5 号主要用于干草生产、青贮利用和放牧利用。在有灌溉条件或降雨量较多的地区每年可刈割 4～5 次，增加刈割次数容易使苜蓿的叶茎比降低。现蕾期到初花期刈割，苜蓿的综合质量和产量最佳，推迟刈割牧草品质会降低。留茬高度影响产草量和植株存活情况，一般留茬高度为 5～6cm，秋季最后一次刈割应该留茬 10～15cm，保证以后发枝良好生长，促进营养物质特别是糖类在根系中的积累与储存，促进基部和根上越冬芽的成熟。一般初霜期来临前 4～6 周停止刈割，过迟会影响植株根部和根茎部营养物的积累，不利于越冬和翌年春季生长。

在单播紫花苜蓿地上放牧家畜或用刚刈割后的鲜苜蓿饲喂家畜时，容易得鼓胀病，不要让空腹的家畜直接进入嫩绿的苜蓿地放牧，或放牧前饲喂一些干草和青贮料，或刈割晾晒后再进行放牧。

赛迪 5 号紫花苜蓿主要营养成分表（以风干物计）

收获期	水分 (%)	CP (%)	EE (g/kg)	CF (%)	NDF (%)	ADF (%)	CA (%)	Ca (%)	P (%)
抽穗期	9.5	16.0	14.5	27.3	39.2	32.1	8.2	1.73	0.16

注：农业部全国草业产品质量监督检验测试中心测定。

CP：粗蛋白，EE：粗脂肪，CF：粗纤维，NDF：中性洗涤纤维，ADF：酸性洗涤纤维，CA：粗灰分，Ca：钙，P：磷。

赛迪 5 号紫花苜蓿植株　　　　　　　赛迪 5 号紫花苜蓿花

赛迪 5 号紫花苜蓿根　　　　　　　赛迪 5 号紫花苜蓿群体

16. 玛格纳 551 紫花苜蓿

玛格纳 551 紫花苜蓿（*Medicago sativa* L. cv. 'Magna551'）是克劳沃（北京）生态科技有限公司从美国引进的紫花苜蓿品种。2018 年通过全国草品种审定委员会审定登记，登记号：537。玛格纳 551 耐寒耐旱、综合抗病虫能力强；产草量高、饲草品质佳；耐机械碾压，适宜规模化作业。

一、品种介绍

豆科苜蓿属多年生草本植物。秋眠级为 5.0，主根发达。茎秆直立、秆细，自然株高 90～110cm，分枝多。三出复叶，叶片较大，距地面 30～40cm 高草层内小叶平均长 2.75cm，宽 1.8cm。总状花序，长 2.80～3.56cm，紫色花为主。种子肾形或宽椭圆形，两侧扁，黄色至浅褐色，千粒重约 2.23g。

玛格纳 551 紫花苜蓿抗病、抗倒春寒能力强，耐刈割，再生性好。生产潜力大，产草量突出，每年可刈割 3～5 次，年平均产干草 17 100kg/hm^2。饲草品质好，利用价值高。适口性好，各种家畜均喜食。抗病虫性出色，对 6 种主要苜蓿病害都有很强的抗性。持久性好，利用年限长。

二、适宜区域

适宜在我国北方暖温带及类似地区种植。

三、栽培技术

（一）选地

选择地势平坦，便于机械化作业的地块。土层深厚，有机质含量高，土壤肥沃。有丰富的水源且水质优良（盐碱含量低），能满足灌溉需要。沙壤土或壤土，土壤 pH 6.5～8.0最佳，不适宜在酸性、低洼易积水、地下水位高于 1m 的田块种植，而且要求精耕细作。

（二）整地

苜蓿种子细小，播种前土壤应精耕细作，上虚下实，通过翻耕清除杂草，保持土壤平整和墒情。如果杂草严重时，可用除草剂先处理杂草，然后再翻耕。在土壤黏重或降雨较多的地区要开挖排水沟。结合翻耕，施足底肥，有机肥用量为 15 000～30 000kg/hm^2，以磷钾肥为主的复合肥用量375～450kg/hm^2。

（三）播种技术

1. 种子处理

苜蓿在苗期根系形成后自然会着生根瘤进行生物固氮，但是为了提高有效根瘤菌数量和固氮能力，最好在种植前对苜蓿种子进行根瘤菌接种，以增加单位土壤中根瘤菌含量，促进根瘤的大量生成。实践证明，接种"多萌"根瘤菌后苜蓿产草量较未接种的提高 30％以上，增产效果能持续两年左右，牧草质量也有明显改变。

2. 播种期

苜蓿播种有较为严格的季节性，因此，应选择适宜的播种时期。最适宜苜蓿种子发芽和幼苗生长的土壤温度为 10～25℃，田间持水量为 75％～80％，而且土壤需疏松透气。

播种期可根据当地气候条件和前作收获期而定，因地制宜。西北、东北和内蒙古一般是 4—7 月播种，最迟不晚于 8 月，河北、河南、山东适宜秋季播种，不晚于 9 月中旬。新疆春、秋皆可播种，秋播时南疆不迟于 10 月上旬，北疆不迟于 9 月中旬。

3. 播种量及播种方式

单播苜蓿田，条播行距 25～30cm，播量 12～15kg/hm²，播深 1～2cm。与禾本科牧草鸭茅、苇状羊茅等混播时，撒播种子的播量为 6.75～7.5kg/hm²，禾本科种子播量为 22.5～30kg/hm²。播后适当镇压，利于出苗。

（四）水肥管理

玛格纳 551 喜水肥，干旱季节需进行灌溉，但是忌水涝，苜蓿根系长时间受涝会导致烂根，造成植株大批死亡。因此，排灌作业很重要。

在苜蓿的整个生长阶段要定期取土样测定土壤肥力状况，实现测土配方科学施肥。通常在每次刈割后根据土壤肥力情况进行适当追肥，肥料以磷钾肥为主，施用量 $225\sim300kg/hm^2$。

（五）病虫杂草防治

播种前杂草防除最关键。结合翻耕用禾烯啶和莎阔丹消灭杂草，苗期用苣草净防除杂草。苜蓿受到病虫危害后，往往引起茎叶枯黄或出现病斑，叶片残缺甚至落叶，生长不良，使苜蓿产量下降，品质变劣，利用年限缩短，在生产上造成很大损失，甚至会造成完全失败。所以，病虫害防治是苜蓿田间管理上值得重视的方面。苜蓿的病害主要有锈病、褐斑病、根腐病和炭疽病等，导致病害发生的因素很多。玛格纳551品种本身抗病性强，在日常管理中通过合理的栽培措施，就可以防止病害的发生。锈病可通过喷施15%粉锈宁1 000倍液或65%代森锰锌400～600倍液进行预防。苜蓿虫害主要有蚜虫、叶象甲、夜蛾和蓟马等，可通过喷洒药剂进行化学防治，但是施药时间和收割时间一定要有间隔，以避免农药残留对家畜造成危害。

四、生产利用

最适宜的收获期是现蕾期至初花期，第一次刈割时间最好在现蕾期，每茬次的刈割时间最好别滞后，否则会影响下一茬草的生长。刈割时最好避开阴雨天，留茬高度5cm。最后一次刈割必须在霜冻来临前30天左右，留茬高度7～8cm。

玛格纳551在山东泰安、河南郑州、北京、山西太原、内蒙古托克托和新疆三坪开展的区域试验结果表明，在这些地区都能生长良好，每年至少可刈割 3～5 茬草，丰产性好，年均干草产量在 17t/hm² 以上。

（一）制作干草

刈割后待苜蓿晾晒至含水量为 22% 以下时，即可进行田间打捆，通常利用晚间或早晨空气湿度比较高时进行打捆，以减少因苜蓿叶片损失而降低饲草品质。堆垛时草捆之间要留有通风口，以便草捆继续散发水分达到安全贮藏条件。

（二）青贮

遇到夏季雨季收获时，经济有效的方式是制作青贮或半干青贮。苜蓿收割后晾晒至水分含量在 45%～65%（叶片卷缩，叶柄易折断，挤压茎秆有水溢出）时进行半干青贮。半干青贮技术是近年来在一些畜牧业发达国家广泛采用的牧草青贮技术之一。它的特点是调制的半干青贮料有机酸含量低，pH 较高（4.5～5.0），原料中的糖分和蛋白质被分解的比例少，品质佳，适口性好，家畜喜采食。

玛格纳 551 紫花苜蓿主要营养成分表（以干物质计）

收获期	水分（%）	CP（%）	EE（g/kg）	CF（%）	NDF（%）	ADF（%）	CA（%）	Ca（%）	P（%）
初花期	9.8	18.4	38.6	26.3	39.2	30.9	9.4	1.96	0.27

注：农业部全国草业产品质量监督检验测试中心测定。

CP：粗蛋白，EE：粗脂肪，CF：粗纤维 NDF：中性洗涤纤维，ADF：酸性洗涤纤维，CA：粗灰分，Ca：钙，P：磷。

玛格纳 551 紫花苜蓿叶片

玛格纳 551 紫花苜蓿花序

玛格纳 551 紫花苜蓿种子

玛格纳 551 紫花苜蓿生产田

17. WL168HQ 紫花苜蓿

WL168HQ 紫花苜蓿（*Medicago sativa* L.'WL168HQ'）是北京正道生态科技有限公司从美国引进的紫花苜蓿品种，是最新培育的根蘖型紫花苜蓿，可以通过侧根进行自我繁殖。2017 年通过全国草品种审定委员会审定登记，登记号：518。WL168HQ 具有较强的抗寒、抗旱能力，适宜在我国北方寒冷及干旱地区进行种植。

一、品种介绍

豆科苜蓿属多年生草本植物。株高 70～120cm，主根粗壮，深入土层，具根瘤，根茎发达。枝叶茂盛，茎直立，四棱形，中空，分枝数 5～15 个，无毛或微被柔毛。羽状三出复叶，多叶率高，约 70%，千粒重 2.2g。

WL168HQ 抗病性强，高抗炭疽病、细菌性萎蔫病、镰刀菌萎蔫病、黄萎病、疫霉根腐病、丝囊霉根腐病等常见病害。WL168HQ 是根蘖型紫花苜蓿品种，可以通过水平根系进行自我繁殖，不断形成新的植株。具有深入而庞大的根蘖系统，使其成为现有紫花苜蓿品种中最抗寒、最耐旱的品种之一。WL168HQ 根茎入土深且分枝多，生产利用中表现出较强的持久性、耐牧性和耐践踏能力，适应性强，再生能力出色，是干草生产、放牧草场的最佳选择。

二、适宜区域

WL168HQ为根蘖型紫花苜蓿品种，秋眠级2级，抗寒指数为1，具有抗寒能力强、抗旱能力突出的特点，种子在5～6℃的温度下就能发芽，最适发芽温度为25～30℃。适应性广，喜欢温暖、半湿润的气候条件，对土壤要求不严，除太黏重的土壤、瘠薄的沙土及过酸、过碱的土壤外都能生长，最适宜在土层深厚疏松且富含钙的壤土中生长，适宜在我国东北、华北、西北等寒冷、干旱地区种植。

三、栽培技术

苜蓿是需水较多的植物，水是保证高产、稳产的关键因素之一。苜蓿喜水，但不耐涝，特别是生长中最忌积水，连续淹水3～5天将引起根部腐烂而大量死亡，种植苜蓿的地块一般地下水位不应高于1m，所以种植苜蓿的土地必须排水通畅，土地平坦。

（一）选地

适应性较强，对土壤要求不严格，农田、沙地和荒坡地均可栽培；大面积种植时应选择较开阔平整的地块，以便机械作业和运输。进行种子生产的产地要选择光照充足、降雨量少，利于花粉传播的地块。

（二）整地

WL168HQ 种子细小，播种前需要深耕精细整地。播种前要对土地进行深翻，翻耕深度不低于 20cm，如果是初次种植的地块，翻耕深度应不低于 30cm。翻耕后对土壤进行耙磨，使地块尽量平整。播前进行镇压，将土壤镇压紧实，以利于后期的出苗。

（三）播种技术

1. 播种期

播种期因地制宜，可根据当地气候条件和前作收获期而定。WL168HQ 在我国北方各省（区）可春播、夏播或者秋播。春播多在春季墒情较好、风沙危害不大的地区进行，内蒙古地区也有早春顶凌播种。夏播常在春季土壤干旱晚霜较迟或春季风沙过多的地区进行。秋播杂草少，易建植成功。西北、东北和内蒙古一般是 4—7 月播种，最迟不晚于 8 月，否则幼苗弱小，影响越冬。

2. 播种量

WL168HQ 种子净度和发芽率都比较高，播种前不需要进行特殊处理。单播时，包衣种子播种量建议为 22.5～30.0kg/hm²，裸种子播量为 15.0～22.5kg/hm²。也可以和其他种类豆科或禾本科牧草进行混播，用于放牧草地或者牧草生产，播量建议根据利用方式和利用年限合理配比。

3. 播种方式

播种方式主要有条播、撒播和覆膜穴播。条播更有利于大面积的田间管理和收获晾晒。调制干草时播种行距为12～20cm，行距窄有利于控制杂草的生长。

WL168HQ紫花苜蓿种子细小，顶土能力差，播种过深时影响出苗。播种深度根据土壤类型而有所调整，中等和黏质土壤中的播种深度为6～12mm，沙质土壤的播种深度为12～20mm。土壤水分状况好时可减少播种深度，土壤干旱时应加大播种深度，一般建议播深为1～2cm。

（四）水肥管理

紫花苜蓿种植时建议先测量土壤养分，根据土壤养分状况确定合理的肥料比例和用量，一般建议施用450kg/hm² 复合肥做底肥，每次刈割后都应追施少量过磷酸钙或磷酸磷酸二氢铵150～225 kg/hm²，以促进再生。越冬前施入少量的钾肥和硫肥。

紫花苜蓿WL168HQ有强大的根系，根系入土很深，能从土壤深层吸收水分，因此具有很强的耐旱性。但在北方地区的生产中想要获得较高的牧草产量，应及时进行灌溉和施肥。

（五）病虫杂草防控

常见病害主要有褐斑病和根腐病，褐斑病在干燥的灌溉区发病严重，发病初期可通过喷施75％百菌清500～600倍液或50％苯来特可湿性粉剂1 500～2 000倍液，70％代森锰锌600倍液，70％甲基托布津1 000倍液，20％多菌灵可湿性粉剂800倍液喷雾。根腐病害的发生受多种因素的影响，种植过程中需制定合理的栽培措施，做到合理排灌才能有效减少病害的发生与危害，如深耕破坏板结层或犁地改善透水性，减少土壤持水时间。平整土地，防止大水漫灌，减少积水，控制灌水时间，可以减轻病害。

虫害主要有蓟马、蚜虫、叶蛾等，可提前收割，将卵、幼虫随收割的苜蓿一起带走，也可以通过喷洒药剂进行化学防治，要注意施药时间和收割时间的间隔，避免药效残留对家畜造成危害。

杂草在苜蓿建植阶段通过与苜蓿幼苗竞争并挤压幼苗，造成苜蓿减产。合理的播期可以有效地控制杂草，秋播的杂草比春播少。但是杂草防除工作应从播种前开始并始终贯穿草地的整个生产过程。彻底的耕翻作业可以将一年生杂草连根清除并控制已生长的多年生杂草。除草剂的喷施应注意和苜蓿刈割时间的间隔，间隔太短对苜蓿也会造成药害，间隔太长对下茬苜蓿的品质有影响。

四、生产利用

WL168HQ 是优质的豆科牧草，茎秆纤细，叶片含量高，具有较高的牧草品质，现蕾至初花期进行刈割可保证较高的牧草品质，或者在株高达到 70cm 时进行刈割，以上两个刈割条件，满足其中一个就应进行收获，否则会影响牧草品质。WL168HQ 可通过根茎进行分蘖，具有较强的耐践踏能力和恢复能力，可与禾本科牧草，如多年生黑麦草、无芒雀麦、冰草、猫尾草等混播建植多年生人工草地，1～2 年内即可形成优质放牧草场，也可用于天然草场的补播。

　　WL168HQ在水肥条件好的地区每年可刈割2～4次，健壮的根系使其具有较快的再生速度，在北方地区干草产量约为12 000～15 000kg/hm²。刈割后留茬高度应在5～10cm，以利于再生，末次刈割时间应在重霜来临前40天刈割，给地上部分留够充足的时间向根部储存营养，否则影响越冬。

　　WL168HQ在北方地区主要用于干草生产、放牧草地利用或者天然草场补播。用于干草生产时，应注意收获时间，及时进行翻晒、搂草和打捆，避免晾晒时间过长导致叶片脱落而影响质量。放牧草场放牧时，应注意不要让空腹的家畜直接进入嫩绿的草地，放牧前宜饲喂一些干草或者青贮料，以防止鼓胀病的发生。用于天然草地恢复则应注意播种时间，充分利用雨季，以免因干旱问题导致出苗率低或者影响幼苗生长。

WL168HQ紫花苜蓿主要营养成分表（以风干物计）

收获期	水分（%）	CP（%）	NDF（%）	ADF（%）	CA（%）	Ca（%）	P（%）
初花期	8.5	20.1	36.0	26.5	8.9	2.11	0.18

　　注：农业部全国草业产品质量监督检验测试中心测定。
　　CP：粗蛋白，NDF：中性洗涤纤维，ADF：酸性洗涤纤维，CA：粗灰分，Ca：钙，P：磷。

WL168HQ紫花苜蓿叶片

WL168HQ紫花苜蓿根系

WL168HQ 紫花苜蓿群体 1　　　　WL168HQ 紫花苜蓿群体 2

18. 阿迪娜紫花苜蓿

阿迪娜紫花苜蓿（*Medicago sativa* L. 'Adrenalin'）是北京佰青源畜牧业科技有限公司从加拿大引进的紫花苜蓿品种。以牧草产量高、品质好、多叶率高、再生能力强以及高抗病性（对疫霉根腐病、青枯病、枯萎病和黄萎病具有高抗性）为主要选育目标，由230个亲本植株中选育出的杂交品种。2017年通过全国草品种审定委员会审定登记，登记号：511。该品种具有丰产性和抗病性。多年多点比较试验证明，阿迪娜紫花苜蓿平均干草产量15 000kg/hm²，最高年份干草产量16 500kg/hm²。

一、品种介绍

豆科苜蓿属多年生草本植物。主根粗壮，根系发达，茎直立、中空，略呈方形。分枝多，茎柔软、纤细，花几乎全为紫色，有白色或黄色斑点。多叶，每个复叶有3~5个叶片，叶为羽状三出复叶，小叶长圆形或卵圆形，中叶略大。总状花序，蝶叶小花簇生于主茎和分枝顶部，果实为2~4回的螺旋形荚果，每荚内含种子2~6粒。种子肾形，黄色或淡褐黄色，种子千粒重2.1g。

植株喜温暖、半干燥、半湿润气候，在夏季不太热，冬季又不太寒冷的地区最适合生长。最适生长温度为日平均15~21℃，幼苗和成株可耐受－6~7℃的低温，气温超过35℃时生长受阻，紫花苜蓿喜水，但不耐涝，生长期内最忌积水，连续淹水3天以上将引起根部腐烂而大量死亡，在沙土和壤土种植效果优于黏土。

阿迪娜紫花苜蓿播种后一周内即可出苗，苗期生长较快，再生性能强，每年可刈割3~4次，多叶率89%，叶茎比高，易于干燥，适合制作优质干草，属于中熟品种，秋眠级4，抗病指数30，对疫霉根腐病、青枯病、枯萎病和黄萎病具有高抗性。

二、适宜区域

紫花苜蓿秋眠级为4级，宜在温带区域种植，包括我国西北、华北和东北部分区域，黄淮海地区及内蒙古、山西、甘肃、宁夏、河北及新疆冬季较温暖地区。适合多次刈割生产高质量的苜蓿干草、青贮，也可用作放牧。

三、栽培技术

(一)选地

适宜性较强，除黏重土、低湿地、强酸、强碱地以外，均能生长。生长期间最忌积水。在沙土和壤土种植效果优于黏土。进行种子生产的要选择光照充足、利于花粉传播的地块。

（二）整地

整地要求精细，深耕细耙，上实下松，有利于出苗。播种前清除地面残茬、杂草、杂物；杂草严重时应喷施符合国家规定的除草剂，土壤贫瘠地块可施磷酸二氢铵和硫酸钾作为底肥，保持墒情良好。

（三）播种技术

1. 种子处理

初次种植紫花苜蓿的地块，要使用经根瘤菌接种的苜蓿种子或者在播种前用根瘤菌剂拌种，接种后要防止太阳暴晒。注意已经接种根瘤菌的种子不可进行药剂拌种。

2. 播种期

春播或秋播均可，秋播时间要早，以便安全越冬。注意土壤有积水时不可播种。

3. 播种量

阿迪娜紫花苜蓿商品种子多为包衣种子，每亩播种前无需进行种子处理，每亩播种量为 1.2～1.5kg。

4. 播种方法

采用条播，行距 15～20cm，播种深度 1～2cm。播种覆土后可轻耙镇压地面，使种子与土壤紧密接触。

（四）水肥管理

紫花苜蓿一般不需要施用氮肥做底肥，土壤贫瘠的地块可施磷酸二氢铵作为底肥，磷肥于播种时或者每年秋季一次性施入，钾肥在播种时施用少量即可，其余每次刈割后作为追肥用，以促进再生，越冬前施入少量的钾肥和硫肥，提高越冬率。播种后保证灌溉频度，待苗齐后减少灌溉频度，增加灌溉深度，促进根系往下生长。

（五）病虫杂草防治

病害主要为根腐病、褐斑病和锈病，阿迪娜紫花苜蓿对疫霉根腐病、青枯病、枯萎病和黄萎病具有高抗性，但在生长期间仍要注意防治，若发现有病虫害出现及时喷施药剂。

虫害主要有蚜虫、苜蓿夜蛾以及苜蓿蓟马，应根据国家规定的药剂进行喷洒，要注意喷施药剂的时间与收割时间的间隔，避免农药残留对家畜的危害。紫花苜蓿苗期容易受杂草危害，要注意进行杂草防治，除草1～2次。

四、生产利用

高产品种，再生能力好，在天津、甘肃、宁夏、河北、河南、山东、内蒙古等地种植已成为当地人工种植苜蓿的主要品种之一。在不同地区每年可刈割3～5茬，管理良好条件下亩产干草可达800～1100kg，某些地区亩产高达1500kg。国家区域试验结果表明，阿迪娜在北京、甘肃、山西与对照品种相比平均增产9.36%、27.07%、12.17%。丰产性及稳定性综合评价为很好。

现蕾后期至初花期刈割，留茬高度在4～5cm，利于再生以及越冬。现蕾期刈割，粗蛋白含量为干物质的22.45%，酸性洗涤纤维为1.74%，中性洗涤纤维为38.44%，可消化干物质为64.17%。

可青饲、青贮或调制干草。调制干草时，应注意控制水分含量以减少发霉，对家畜进行鲜喂时应注意防止膨胀病的发生，提前饲喂一些干草或者青贮料。

阿迪娜紫花苜蓿主要营养成分表（以干物质计）

收获期	CP （%）	EE （g/kg）	CF （%）	NDF （%）	ADF （%）	CA （%）	Ca （%）	P （%）
初花期	18.8	17.0	35.2	42.1	35.4	8.5	1.48	0.27

注：农业部全国草业产品质量监督检验测试中心测定。

CP：粗蛋白，EE：粗脂肪，CF：粗纤维，NDF：中性洗涤纤维，ADF：酸性洗涤纤维，CA：粗灰分，Ca：钙，P：磷。

阿迪娜紫花苜蓿叶片

阿迪娜紫花苜蓿根系

阿迪娜紫花苜蓿群体 1

阿迪娜紫花苜蓿群体 2

19. 康赛紫花苜蓿

康赛紫花苜蓿（*Medicago sativa* L. 'Concept'）是北京佰青源畜牧业科技有限公司从加拿大引进的紫花苜蓿品种。康赛紫花苜蓿以牧草产量高、多叶率高、品质好、再生能力强和高抗病性（疫霉根腐病、青枯病、枯萎病、黄萎病）为主要选育目标，康赛91％的叶片为多叶型，适合对苜蓿品质要求高的农户种植。耐寒指数为2，为我国北方冬季寒冷地区提供产量高、品质好、适应性广的紫花苜蓿。2017年通过全国草品种审定委员会审定登记，登记号：513。该品种具有丰产性和抗病性。多年多点比较试验证明，康赛紫花苜蓿平均干草产量11 740kg/hm²，最高干草产量可达14 370kg/hm²。

一、品种介绍

豆科苜蓿属多年生草本植物。主根粗壮，根系发达，茎直立、中空，略呈方形。分枝多，茎柔软、纤细，该品种花色97％为紫色、3％杂色、略带乳白色、白色和黄色。多叶，每个复叶有3～5个叶片，叶为羽状三出复叶，小叶长圆形或卵圆形，中叶略大。总状花序，蝶叶小花簇生于主茎和分枝顶部，荚果多为螺旋形，2～4回，每荚内含种子2～6粒。种子肾形，黄色或淡褐黄色，种子千粒重2.1g。

种子在温度为5～6℃时即可发芽，最适发芽温度为25～30℃。成年植株喜温暖、半干燥、半湿润气候，在夏季不太热，冬季又不太寒冷的地区最适合生长。最适生长温度为日平均15～21℃，幼苗和成株可耐受－6～7℃的低温，气温超过35℃时生长受阻，生长期内最忌积水，在沙土和壤土种植效果优于黏土。

康赛紫花苜蓿播种后1周内即可出苗，苗期生长较快，再生性能强，每年可刈割3～4次，多叶率91%，叶茎比高，易于干燥，适合制作优质干草，属于中熟品种，秋眠级3级，抗病指数30，品种内一致性高、杂株极少，稳定性好、遗传变异小、出现性状分离少。对疫霉根腐病、青枯病、枯萎病和黄萎病具有高抗性。

二、适宜区域

适宜在我国西北和东北地区生长，可多次刈割生产高质量的苜蓿干草、青贮，也可用于放牧。

三、栽培技术

(一) 选地

适宜性较强，除黏重土、低湿地、强酸、强碱地以外，均能生长。选择地势平坦、便于机械或者人工作业的地块。生长期间最忌积水。在沙土和壤土种植效果优于黏土。进行种子生产的要选择光照充足、利于花粉传播的地块。

（二）整地

种子细小，整地要求精细，深耕细耙，上实下松，有利于出苗。播种前清除地面残茬、杂草、杂物；杂草严重时应喷施符合国家规定的除草剂之后再翻耕，土壤贫瘠地块可施磷酸二氢铵和硫酸钾作为底肥，保持墒情良好。

（三）播种技术

1. 种子处理

初次种植紫花苜蓿的地块，要用根瘤菌接种的种子或播前要用根瘤菌剂拌种。接种后防止太阳暴晒。注意已经接种根瘤菌的种子不可进行药剂拌种。

2. 播种期

北方各省区春播或秋播均可。春播宜在春季墒情较好、风沙危害不大的地区进行；秋播时间要早，以便安全越冬。土壤有积水时不可播种。

3. 播种量

康赛紫花苜蓿商品种子多为包衣种子，播种前无需进行种子处理，播种量为 $18\sim22.5\text{kg}/\text{hm}^2$。

4. 播种方法

采用条播，行距 $15\sim20\text{cm}$，播种深度 $1\sim2\text{cm}$。播种覆土后可轻耙镇压地面，使种子与土壤紧密接触。

(四) 水肥管理

根据土壤肥力确定每年有效磷（P_2O_5）和有效钾（K_2O）的使用量，缺肥严重地块，磷肥和钾肥分别施用 $150kg/hm^2$；肥力一般地块，磷肥和钾肥分别施用 $75\sim150kg/hm^2$；肥力较好地块，磷肥和钾肥分别施用 $45\sim75kg/hm^2$。磷肥播种时或每年秋季一次性施入，钾肥在播种时施少量，其余每次刈割后用作追肥。现蕾后期至初花期刈割，留茬高度 $4\sim5cm$。播种后保证灌溉频度，待苗齐后要减少灌溉频度，增加灌溉深度，促进根系往下生长。

(五) 病虫杂草防治

主要病害为根腐病、褐斑病和锈病。康赛紫花苜蓿对疫霉根腐病、青枯病、枯萎病和黄萎病具有高抗性，但仍要注意防治，若发现有病虫害出现，应及时防治。

虫害主要有蚜虫、苜蓿夜蛾以及苜蓿蓟马，应根据国家规定的药剂进行喷洒。要注意施药时间和收割时间的间隔，避免农药残留对家畜造成危害。

紫花苜蓿苗期易受杂草危害，要注意进行杂草防治，除草 $1\sim2$ 次。

四、生产利用

康赛紫花苜蓿为高产品种，再生能力好，在秋眠级 $2\sim4$ 级地区表现突出，产量很高，一年可刈割 $3\sim4$ 茬，

在内蒙古管理良好的条件下每亩干草产量可达 $800\sim$
$1\,100\mathrm{kg}$。丰产性和稳定性综合评价为很好。康赛为多叶品
种，茎秆纤细且枝叶繁茂。在现蕾末期粗蛋白含量为
21.2%，酸性洗涤纤维为 16.2%，中性洗涤纤维为
29.8%。国家区域试验检测结果中，含粗蛋白 20.3%，高
于对照品种，含中性洗剂纤维 43.2%，酸性洗剂纤维
36%，均低于对照品种。

康赛紫花苜蓿于现蕾后期至初花期刈割，留茬高度在
$4\sim5\mathrm{cm}$ 最佳，如果推迟刈割则会导致品质下降。康赛紫花
苜蓿适口性好，非常适合生产干草或做半干青贮、青贮，也
可用于青饲或放牧。调制干草时，应注意控制水分含量以减
少发霉，对家畜进行鲜喂时注意防止臌胀病的发生，提前饲
喂一些干草或者青贮料。

康赛紫花苜蓿主要营养成分表（以干物质计）

收获期	CP (%)	EE (g/kg)	CF (%)	NDF (%)	ADF (%)	CA (%)	Ca (%)	P (%)
初花期	20.3	12.0	31.2	43.2	36.0	9.3	1.49	0.27

注：农业部全国草业产品质量监督检验测试中心测定。
CP：粗蛋白，EE：粗脂肪，CF：粗纤维，NDF：中性洗涤纤维，ADF：酸
性洗涤纤维，CA：粗灰分，Ca：钙，P：磷。

康赛紫花苜蓿花

康赛紫花苜蓿叶片

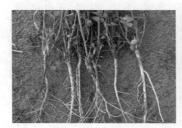 

康赛紫花苜蓿根系　　　　　　　康赛紫花苜蓿群体

20. 辉腾原杂花苜蓿

辉腾原杂花苜蓿（*Medicago varia* Martyn. 'Huitengyuan'）是以苏联杂花苜蓿为原始材料，经过本地区的长期栽培，采用混合选择法进行系统驯化培育而成的地方品种。由呼伦贝尔市草原科学研究所申请，于 2018 年通过全国草品种审定委员会审定登记，登记号：542。该品种抗逆性强，特别抗寒，越冬率高。根茎分枝能力强。多年区域试验结果表明，平均干草产量达 10 186kg/hm^2。

一、品种介绍

豆科苜蓿属多年生草本植物。主根明显，根系发达，入土深达 1～2m。主根圆锥状，茎直立或斜升，有细小柔毛，深绿色。旱作情况下株高 65～85cm，灌溉条件下株高为 80～90cm，植株直立或半直立，分枝 20～50 不等，通常两侧排列，早期有的茎秆微紫红。茎叶疏茂，叶为三出羽状复叶，小叶前端 1/3 或 1/2 具锯齿，后两侧全缘，叶片长圆、椭圆或倒卵形，长 2～2.8cm，宽 0.8～1.5cm，花冠蝶型杂色，有深紫、淡紫、黄、淡黄、黄白等各色，紫花，分别约为深紫和淡紫占 30%，黄、淡黄和黄白占 70%。螺旋角多数 1～3 回。小叶卵圆形，叶色中等。荚果单螺旋形、双螺旋形。每荚含种子平均数为 7.6 粒。种子肾形，黄色或黄褐色，千粒重为 2.28～2.30g。

辉腾原杂花苜蓿适宜高寒地区种植，生长速度较快，再生能力强，叶量丰富。喜温暖半干旱气候，日均 15～20℃最适生长。抗寒性强，冬季在－48～－30℃条件下可以安全越冬，有雪覆盖时更有利于越冬。

二、适宜区域

适宜在内蒙古中东部、黑龙江和吉林等地区种植。

三、栽培技术

(一) 选地

对土壤的适应范围较广，除太黏重或过酸、过碱的不宜种植，其他土壤都能生长，应选择在土层深厚、有一定坡度、水源易于解决的地块，最适宜在土层深厚、疏松且含钙较高的黑钙土上生长。不耐强酸、强碱，适宜 pH 6.5～8。不耐涝，要求地块有良好的排涝能力，同时又喜肥喜水。大面积种植时应选择地块相对平整，坡度较小，便于机械作业。

(二) 整地

播种前需要精细整地，一般正常耕深 20～25cm 为宜，最好是夏、秋翻地，地块耕翻后，翌年播种利于保墒，耕翻后要及时耙地，翻、耙后的地块应及时镇压，起到保墒、保土、平整土地和播深一致的作用。

（三）播种技术

1. 播种期

播种期在北方寒冷地区为 5 月初—7 月中旬。在这个范围内，具体播期取决于当地气候、土壤墒情、田间杂草等具体情况。在有灌溉条件下可以春播（5 月初—6 月初）。最好采用夏播（6 月初—7 月中旬），雨热同季，在当地初霜前 2 个月结束播种工作，有利于苜蓿的保苗和越冬，也有利于田间杂草的防除。

2. 播种量

适量下种、合理密植，以达到优质、高产的人工草地为目标。土壤肥力高，整地质量好的，播量可适当减少。土壤肥力低，整地质量差的，播量可适当增加。草田播种量 $7.5\sim11.25\mathrm{kg/hm}^2$，种子田播种量 $6\sim7.5\mathrm{kg/hm}^2$。（净度 98%、发芽率 85%）。

3. 播种方式

多采用条播。草田行距 $20\sim30\mathrm{cm}$，播深 $1\mathrm{cm}$。种子田行距 $30\sim65\mathrm{cm}$，播深 $1\mathrm{cm}$。

种肥的使用。播种量一般在 $6\sim11.25\mathrm{kg/hm}^2$，由于播量小，现有的播种机械设备播量难于控制，所以要加入一定量的种肥拌种，每公顷应加入 $60\mathrm{kg}$ 种肥。

镇压器的使用。播前镇压和播后镇压。

（四）水肥管理

北方地区普遍存在春旱的问题，因此，春季苜蓿返青后至分枝期应及时进行一次灌溉。第一次刈割后一周要及时灌溉一次，冬季无有效降雪地区，苜蓿越冬前适时进行一次上冻水灌溉。

种植苜蓿的地块要进行测土配方施肥，根据土壤检测结果确定施肥方案。底肥应以磷肥和有机肥为主，追肥以氮肥为主。每次刈割后可采用撒施、条施方法，每次追施尿素$75\sim90$kg/hm^2。如出现苜蓿植株营养缺乏症，需要及时追施相应的肥料或微量元素。

（五）病虫杂草防控

虫害主要有草地螟、芫菁类等，可用2.5%溴氰菊酯乳油2 000倍、4.5%高效氯氰菊酯乳油1 500倍，喷雾防治。

新建苜蓿人工草地苗期生长缓慢，易受杂草危害。为了给苜蓿幼苗创造一个良好的生长环境，精细整地后待田间杂草90%以上萌发后，生长$5\sim10$cm株高时，采用草甘膦3 000ml/hm^{2}封闭喷雾，杀灭田间杂草后进行播种，保证苜蓿苗期正常生长。后期可在每次刈割后对杂草进行有针对性的防治，除草剂可以选用普施特、高效盖草能、笨达松、2,4-D丁酯等。

四、生产利用

该品种为优良的豆科牧草，各种氨基酸含量齐全，粗蛋白质含量高，消化率高，适口性好。在内蒙古中东部及黑龙江、吉林每年可以刈割2次，第一次刈割在现蕾期至初花期，第二次刈割应在当地初霜期前30d左右进行，再生后给根部储存营养留足时间，有利于苜蓿越冬芽的形成。留茬高度为 5～7cm，晴天晾晒 2 天，中间要进行 1～2 次翻晒，待苜蓿草含水量降到 20％以下时，进行机械打捆作业，并且要及时装车清理出田间，运往贮草库或临时储存点。

辉腾原杂花苜蓿主要营养成分表（以干物质计）

收获期	CP （％）	EE （g/kg）	CF （％）	NDF （％）	ADF （％）	CA （％）	Ca （％）	P （％）
初花期	16.4	16.3	28.5	41.7	31.7	10.5	2.93	0.16

注：农业部全国草业产品质量监督检测试中心测定。

CP：粗蛋白，EE：粗脂肪，CF：粗纤维，NDF：中性洗涤纤维，ADF：酸性洗涤纤维，CA 粗灰分，Ca：钙，P：磷。

辉腾原杂花苜蓿花 1

辉腾原杂花苜蓿花 2

辉腾原杂花苜蓿根

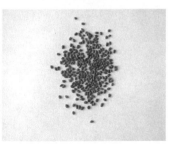

辉腾原杂花苜蓿种子

辉腾原杂花苜蓿群体　　　　　　辉腾原杂花苜蓿分枝

21. 丰瑞德红三叶

丰瑞德红三叶（*Trifolium pratense* L. 'Freedom'）是美国肯塔基州农业试验站由肯兰（Kenland）品种选育而成的红三叶新品种，具有低水平茸毛、高干物质产量的特性。由四川省农业科学院土壤肥料研究所和百绿（天津）国际草业有限公司申请，于 2018 年通过全国草品种审定委员会审定登记，登记号：546。该品种具有高干物质产量的特性，生长速度快，产量季节分布均衡，适口性好，营养价值高，茎秆无茸毛，消化率高，耐旱能力差但耐湿性强，抗病，耐阴，适应性好，分蘖多和混播融合性好等特点；每年可割草 4～5 次，再生快，理想条件下可利用 5～6 年或更长。多年多点比较试验表明，丰瑞德红三叶在适宜种植区，年均干草产量高达 11 988kg/hm²，生产性能稳定持久。

一、品种介绍

豆科三叶草属多年生草本植物。一般生长 5～6 年，主根发达，具根瘤；茎多数直立，株高 60～90cm，具有低水平茸毛；叶互生，三出掌状 8 复叶，小叶卵形或椭圆形；头状花序，蝶形花冠，红色；种子棕黄色或紫色，千粒重

1.58g。喜温暖湿润气候，适应性较强，不耐高温，耐旱能力差但耐湿性强，在年降水量1 000～2 000mm的地区生长良好；耐阴，在果树下能生长；对土壤要求不严，耐瘠、耐酸，适宜土壤pH 5～8，耐盐碱能力稍差；具有产草量高、干物质含量高等特点。

二、适宜区域

根据国家区域试验结果结合品种比较试验和生产试验，丰瑞德红三叶适宜在年降水量1 000mm以上，海拔500～3 000m，冬无严寒、夏无酷暑地区栽培种植，在四川、云南、贵州、重庆等地可大面积种植。

三、栽培技术

（一）选地

整地要细平，并清除所有杂草。

（二）整地

翻耕深度为25～30cm，耕后耙平，要求土块细碎。施厩肥或堆肥30 000kg/hm² 和磷、钾、钙复合肥450kg/hm²作底肥。酸性过强的土壤应施适量的石灰。

（三）播种技术

1. 种子处理

播前应用根瘤菌接种，按每10g根瘤菌剂与1.0kg红三叶种子拌匀后播种。

2. 播种期

西南地区以秋播为宜，但秋播不宜迟于 10 月中旬。

3. 播种量

条播，播种量为 15.00kg/hm²，条播行距 30cm；红三叶还可以混播和间套播，与禾本科（多年生黑麦草、猫尾草等）混播，其播种量分别减少至单播种量的 1/3，播种方式以隔行播种为宜。

4. 播种方式

一般采用条播或撒播，条播行距 30cm，播深 1～2cm。

(四) 水肥管理

苗期生长慢，其田间管理应注意水分供应和及时中耕除杂草，幼苗期多施氮肥，待草层建植后，因红三叶竞争力强，一般不用中耕；在干旱季节、秋后燥热少雨时，应注意灌溉浇水；混播草场应保持红三叶与禾本科牧草的适当比例；红三叶初花时，即可刈割。

四、生产利用

丰瑞德红三叶可作鲜草刈割饲用，混播草地适合轮牧或割草利用；还可晒制干草、制成草粉，作混配饲料；也可混贮，作为冬、春季家畜的补充饲料。每次利用后应有至少 2～3 周恢复时间，留茬高度 5～10cm。

丰瑞德红三叶主要营养成分表（以干物质计）

收获期	水分（%）	CP（%）	EE（g/kg）	CF（%）	NDF（%）	ADF（%）	CA（%）	Ca（%）	P（%）
初花期	9.0	10.8	22.0	18.9	41.0	27.1	8.4	0.85	0.12

注：农业部全国草业产品质量监督检验测试中心测定。

CP：粗蛋白质，EE：粗脂肪，CF：粗纤维，NDF：中性洗涤纤维，ADF：酸性洗涤纤维，CA：粗灰分，Ca：钙，P：磷。

丰瑞德红三叶叶片

丰瑞德红三叶茎

丰瑞德红三叶根系

丰瑞德红三叶种子

丰瑞德红三叶花序1

丰瑞德红三叶花序2

丰瑞德红三叶群体 1　　　　　丰瑞德红三叶群体 2

22. 甘红 1 号红三叶

甘红 1 号红三叶（*Trifolium pretense* L. 'Ganhong No. 1'）是以 5 个国外品种为亲本经过单株选择、无性系繁殖和多元杂交等手段育成的综合品种。由甘肃农业大学申请，于 2017 年通过全国草品种审定委员会审定登记，登记号：531。该品种具有较显著的丰产性和抗病性。多年多点试验证明，甘红 1 号红三叶平均干草产量 12 523kg/hm²，对白粉病的抗性显著高于对照品种。

一、品种介绍

豆科三叶草属多年生草本植物。茎中空圆形，直立或斜伸，具长柔毛，茎粗 4～5.5mm，丛生分枝 15～20 个。盛花期株高 70～80cm。主根入土深 30～50cm，侧根发达，掌状三出复叶，小叶椭圆状卵形，长 3.9～4.4cm，宽 2～2.7cm，叶面具灰白色倒"V"形斑纹，头状总状花序，聚生于茎顶端或自叶腋处长出，每个花序有小花 85～102 朵，花淡紫红色，荚果横裂，每荚含 1 粒种子，种子椭圆形或肾形，呈黄褐色或黄紫色，千粒重 1.6～1.8g。

喜温凉湿润气候，较耐寒、耐旱、耐盐碱，适应性广，对土壤要求不严，可在微酸性至微碱性土壤上正常生长，适宜土壤 pH 6.0～7.8。分枝多，生长速度快，再生性好，对白粉病的抗性较强。

在甘肃中南部地区 4 月下旬播种，7 月上中旬开花，8 月中下旬至 9 月上旬种子成熟；翌年 4 月中旬返青，生长天数 240～260 天。

二、适宜区域

适宜范围较广，南北方温和湿润气候区均可栽培，在甘肃中东部、云贵高原、西南等地均表现良好。在年降水量 600～1 200mm 的地区生长最好。

三、栽培技术

(一) 选地

该品种适应性强，对生产地要求不严，农田和荒地均可栽培。大面积种植应选择平坦开阔的地块以便机械作业。

(二) 整地

种子细小，需要精细整地。播前清除残茬和杂草，深翻后平整土地。北方地区播前镇压有利于保墒和出苗。南方土壤黏重、降雨较多的地区要开挖排水沟；土壤酸度较高时需要施用石灰。结合整地施 $15t/hm^2$ 农家肥。化肥可施五氧化二磷 $90kg/hm^2$。

（三）播种技术

1. 种子处理

种子品质达到二级以上，播前可通过擦破种皮的方法进行硬实处理，然后接种根瘤菌。

2. 播种期

北方春播可在 4 月中下旬播种，秋播宜在 8 月中下旬播种以保证顺利越冬。南方适宜秋季播种，以 9 月和 10 月为佳。

3. 播种量

单播时，以割草为利用目的的，条播的播种量为 13～15kg/hm²；撒播时在条播的基础上播量增加 20％～30％。与多年生黑麦草或鸭茅混播时，播种量为单播量的 50％～70％。

4. 播种方式

条播和撒播均可。条播时，以割草为主要利用方式的，行距 20～25cm；以收种子为目的的，行距 40～50cm。播种深度 1～2cm。撒播时可用小型手摇播种机播种，播后轻耙地面或镇压。

（四）水肥管理

以割草为目的的红三叶草地，每次刈割后需要追肥，以磷钾肥为主，可撒施或条施。混播草地根据豆科和禾本科的长势进行追肥。红三叶生长较弱而禾本科正常的情况下，可追施磷钾肥，反之追施氮肥。

在南方降水量超过 600mm 的地区基本不用灌溉；北方

地区在分枝期和现蕾期分别灌水一次。每次刈割后必须灌水，可结合施肥进行。

（五）病虫杂草防控

红三叶常见病虫害有白粉病、病毒病、菌核病、根腐病、蚜虫、螨虫、叶蝉等。白粉病发作时，可喷洒20％三唑酮乳油1 000倍液或40％福星乳油8 000倍液进行防治；病毒病主要有通过蚜虫传播的花叶病毒病，可用50％抗蚜威可湿性粉剂或20％啶虫脒可湿性粉剂喷雾。菌核病可用50％多菌灵可湿性粉剂1 000倍液防治；根腐病可用50％的甲基托布津防治；螨虫可用40％三氯杀螨醇乳油1 000倍液、20％螨死净可湿性粉剂2 000倍液进行防治。

红三叶苗期生长缓慢，要及时防除杂草。播种面积不大时，可人工除草。混播草地及时拔除有毒有害杂草即可。单播草地可在播前喷施48％氟乐灵乳油1 500～2 000ml/hm^2。

四、生产利用

适宜作割草地利用，第一茬刈割在现蕾期或初花期进行，留茬3～5cm。每年可刈割2～4次。北方地区9月中下旬应停止割草以保证越冬，南方地区6月前应停止刈割以利于越夏。可与禾本科牧草如无芒雀麦、多年生黑麦草、鸭茅等混播建立多年生人工草地。可青饲、青贮或晒制干草。北方地区适宜调制青干草或者青贮，南方以青饲和制作青贮为主。

甘红1号红三叶主要营养成分表（以干物质计）

收获期	CP（%）	EE（%）	CF（g/kg）	NDF（%）	ADF（%）	CA（%）	Ca（%）	P（%）
初花期	20.2	33.6	17.6	37.5	23.7	7.4	1.43	0.24

注：农业部全国草业产品质量监督检验测试中心测定。

CP：粗蛋白，EE：粗脂肪，CF：粗纤维，NDF：中性洗涤纤维，ADF：酸性洗涤纤维，CA：粗灰分，Ca：钙，P：磷。

甘红1号红三叶根

甘红1号红三叶茎

甘红1号红三叶叶片

甘红1号红三叶花

甘红1号红三叶果实

甘红1号红三叶种子

甘红 1 号红三叶群体

23. 升钟紫云英

升钟紫云英（*Astragalus sinicus* L. 'Shengzhong'）是收集自四川省南充市的农家自留种作为原始育种材料，经多年连续多次混合选择，以高产优质、适应性强作为主要目标选育而成的地方品种。由四川省农业科学院土壤肥料研究所和四川省农业科学院申请，于 2017 年通过全国草品种审定委员会审定登记，登记号：522。该品种具有较显著的丰产性，产量高。多年多点比较试验表明，在适宜种植区鲜草产量一般可达 53 362kg/hm²，干草产量一般可达 8 920kg/hm²，生产性能稳定持久。

一、品种介绍

豆科黄芪属一年生或越年生草本植物。多分枝，主根一般入土 40～50cm，侧根发达，具根瘤；抗旱力弱，耐湿性强；茎直立或匍匐，被白色疏柔毛，开花期株高 40～60cm，分枝数 7～12 条。奇数羽状复叶，总状花序，呈伞形；花冠紫红色或橙黄色，旗瓣倒卵形，长 10～12mm，基部渐狭成瓣柄，长约 8mm，瓣片长圆形，基部具短耳，瓣柄长约为瓣片的 1/2。荚果线状长圆形，长 12～20mm，宽约 4mm，黑色；种子肾形，栗褐色。

生育期 245～250 天，性喜温暖湿润条件，耐寒能力较强，全生育期间要求足够的水分，土壤水分低于 12％时开始死苗；对土壤要求不严，以 pH 5.5～7.5 的沙质和黏质壤土较为适宜；耐盐性差，不宜在盐碱地上种植。

二、适宜区域

根据国家区域试验结果结合品种比较试验和生产试验，升钟紫云英适宜在长江流域及以南各地大面积推广种植，尤其适宜在我国南方水田地区种植。

三、栽培技术

(一) 选地

升钟紫云英能适应多种土壤类型，但以排灌条件好为适宜。整地要细平，并清除所有杂草；翻耕深度为 25～30cm，耕后耙平，在播种前一般需要进行一些处理，要求土块细碎。

(二) 整地

播种前，选择晴天喷施灭生性除草剂清除杂草。一周后翻耕，耕深 20～25cm，打碎土块，耙平地面，同时视土壤肥力情况亩施农家肥 2 000～3 000kg 或尿素 25～35kg 和过磷酸钙 20～30kg 作基肥，以满足整个生长期的需要。

（三）播种技术

1. 种子处理

播种前将种子摊晒 4～5h，晒种后加入一定量的细砂磨种子，将种子表皮上的蜡质去掉，以提高种子吸水度和发芽率。

2. 播种期

南方一般以秋播为宜，最佳播种时间是 9 月上旬至 10 月中旬。

3. 播种量

播种量为 $22.5～30.0kg/hm^2$；与谷类作物（高丹草、小麦等）混播，紫云英与谷类作物比例为 2：1 或 3：1。

4. 播种方式

一般采用条播、撒播或者点播，条播行距 30cm，点播穴距 25cm，播深 3～4cm。

（四）水肥管理

升钟紫云英对水分敏感，怕涝，积水将严重影响产量，要做到合理灌溉。生长期可追施草木灰或磷肥 2 次；土壤干燥时，在分枝期和盛花期灌水 1～2 次；春季多雨地区进行挖沟排水，以免茎叶萎黄腐烂，落花落荚。

（五）病虫杂草防控

升钟紫云英几乎没病虫害发生，若受到蚜虫为害时，可用 40％乐果乳剂 1 000 倍稀释液喷杀，若草丛高度达到 40～50cm 时可刈割利用，留茬高度为 5～8cm，刈割后待侧芽萌发后再进行灌溉，以防根茬水淹死亡。调制干草可在盛花期进行刈割。

四、生产利用

升钟紫云英茎叶柔软，叶量大，营养丰富，适口性好，是各类家畜的优良牧草，而且营养价值高，可作为家畜的优质青绿饲料和蛋白质补充饲料，喂猪效果更好。一年可刈割 4 次左右，一般可产鲜草 $50t/hm^2$，最高可达 $60t/hm^2$。茎叶可作鲜草刈割饲用，还可晒制成干草、草粉，作混配饲料，也可混贮，作为冬、春季家畜的补充饲料。每次利用后应有至少 2～3 周恢复时间，留茬高度 5～8cm。紫云英也可绿肥牧草兼用，利用上部 2/3 作饲料喂猪，下部 1/3 及根部作绿肥，连作 3 年可增加土壤有机质 16%，远较冬闲地高。紫云英是中国主要蜜源植物之一，花期每群蜂可采蜜 25～35kg，最高达 55kg。

升钟紫云英主要营养成分表（以干物质计）

收获期	水分（%）	CP（%）	EE（g/kg）	CF（%）	NDF（%）	ADF（%）	CA（%）	Ca（%）	P（%）
初花期	9.1	23.0	39.2	13.2	25.7	20.0	8.2	1.07	0.16

注：农业部全国草业产品质量监督检验测试中心测定。

CP：粗蛋白，EE：粗脂肪，CF：粗纤维，NDF：中性洗涤纤维，ADF：酸性洗涤纤维，CA：粗灰分，Ca：钙，P：磷。

升钟紫云英植株

升钟紫云英叶片

升钟紫云英茎

升钟紫云英根系

升钟紫云英花

升钟紫云英荚果

升钟紫云英群体1

升钟紫云英群体2

24. 公农黄花草木樨

公农黄花草木樨（*Melilotus officinalis*（L.）Desr 'Gongnong'）是以引自中国农科院北京畜牧兽医研究所的黄花草木樨种质资源为原始材料，以产量性状为选育目标，经过7年的单株选择、混合选育而成的新品系。由吉林省农业科学院畜牧科学分院草地所申请，于2018年通过全国草品种审定委员会审定登记，登记号：543。该品种耐旱、耐寒、耐贫瘠性均较强，植株高大、叶量丰富、产草量高，营养价值较高，含的香豆素比较低，是首选的优良饲草。多年多点比较试验证明，公农黄花草木樨平均干草产量11 054kg/hm²，最高年份干草产量18 172kg/hm²。

一、品种介绍

豆科草木樨属二年生草本植物。根系发达，主要分布在30～50cm土层内。茎直立，多分枝，株高170cm。三出复叶，3片小叶，椭圆形或倒披针形，先端钝，基部楔形，叶边缘有锯齿。总状花序腋生，花萼钟状，花冠蝶形，黄色。荚果椭圆状近球形，具网纹，含种子1～2粒。种子长圆形，黄褐色，千粒重1.43g。

该品种播种当年不开花不结实。5月中旬播种后7天左右出苗。播种第二年 5 月初返青，6 月初进入始花期，6 月中下旬进入盛花期，7 月中旬进入结荚初期，7 月末种子成熟，8 月末进入枯黄期。落粒性强。生育天数 120d 左右。植株高大，枝叶繁茂，产草量高而稳定，两年的平均鲜草、干草产量达到 52 791kg/hm² 和 10 979kg/hm²，可抗御暴雨的冲刷和地表径流对土地的侵蚀，水土保持效果良好。具有耐寒、抗旱、耐盐碱、耐瘠、防风沙等优良特性。在年降水量 250～500mm 的地区，无灌溉的条件下，也可以正常生长。

二、适宜区域

该品种抗寒性及抗旱性较强，耐轻度盐碱，因此适应范围较广，主要在我国北方地区种植。

三、栽培技术

(一) 选地

该品种适应性较强，对生产地要求不严格，农田、沙地、轻度盐碱及荒坡地均可栽培。大面积种植时应选择较开阔平整的地块，以便机械作业。进行种子生产时应选择光照充足的地块，以利于种子发育。

(二) 整地

该品种种子小，需要深耕精细整地。播种前清除地面上的残茬、杂草、杂物，耕翻、细耙，充分粉碎土块，平整土地；杂草严重时可采用除草剂处理后再翻耕。在地下水位高或者降水量多的地区要注意做好排水系统，防止后期发生积水烂根。

（三）播种技术

1. 播种期

该品种春、秋季均可播种。

2. 播种量

一般播种量为 15kg/hm² 。

3. 播种方式

可采用条播，行距 50cm。播种深度为 2～3cm。播后镇压。

（四）水肥管理

不追肥，不灌溉，保持自然状态。种子荚变黄后，应及时收获，防止种子落粒。

（五）病虫杂草防控

该品种整个生育期未见感染病害。

苗期生长缓慢，要及时清除杂草。第二年以后生长快，有很强的抑制杂草能力。

四、生产利用

该品种耐旱、耐寒、耐贫瘠性均较强，植株高大、叶量丰富、产草量高，营养价值较高，含的香豆素比较低，是首选的豆科优良饲草。据农业农村部全国草业产品质量监督检验测试中心检测，第一次刈割（以干物质计）水分含量6.8%，粗蛋白含量12.4%，粗脂肪含量18.5g/kg，粗纤维含量35.8%，中性洗涤纤维含量52.4%，酸性洗涤纤维含量39.6%，粗灰分含量6.6%，钙含量1.09%，磷含量0.12%。

在北方地区适宜作割草地利用，第一茬刈割在盛花期进行，刈割留茬高度为5～7cm，最后一次刈割应在植株停止生长前30天进行，以利越冬。

可青饲、青贮、放牧或调制干草。在我国北方地区主要用于干草晾晒，制作成草捆进行贮藏和运输。

该品种植株高大，枝叶繁茂、产草量高而稳定，可抗御暴雨的冲刷和地表径流对土壤的侵蚀，水土保持效果良好。具有耐寒、抗旱、耐盐碱、耐瘠、防风沙等优良特性，适宜于饲用和作为保持水土植物利用。

公农黄花草木樨主要营养成分表（以干物质计）

收获期	水分（%）	CP（%）	EE（g/kg）	CF（%）	NDF（%）	ADF（%）	CA（%）	Ca（%）	P（%）
初花期	6.8	12.4	18.5	35.8	52.4	39.6	6.6	1.09	0.12

注：农业部全国草业产品质量监督检验测试中心测定。

CP：粗蛋白，EE：粗脂肪，CF：粗纤维，NDF：中性洗涤纤维，ADF：酸性洗涤纤维，CA：粗灰分，Ca：钙，P：磷。

公农黄花草木樨群体　　　　　　品比试验

25. 公农白花草木樨

公农白花草木樨（*Melilotus albus* Medic. ex Desr 'Gongnong'）是以引自中国农科院北京畜牧兽医研究所的白花草木樨种质资源为原始材料，以产量性状为选育目标，经过7年的单株选择、混合选育而成的新品系。由吉林省农业科学院畜牧科学分院草地所申请，于2018年通过全国草品种审定委员会审定登记，登记号：544。该品种耐旱、耐寒、耐贫瘠性均较强，植株高大、叶量丰富、产草量高、生育期长，营养价值较高，是首选的优良饲草。多年多点比较试验证明，公农黄花草木樨平均干草产量12 968kg/hm²，最高年份干草产量19 159kg/hm²。

一、品种介绍

豆科草木樨属二年生草本植物。株高190cm，茎直立高大，圆柱形，中空，多分枝。叶为羽状三处复叶，小叶长圆形先端钝圆，基本楔形，边缘疏生浅锯齿。总状花序腋生，花萼钟状，花冠蝶形，白色，荚果椭圆形至长圆形，先端锐尖，具尖喙，表面脉纹细，网状，棕褐色，老熟后变黑褐色；有种子1～2粒。种子卵形，长约2mm，棕色，表面具细瘤点，千粒重1.72g。

该品种播种当年不开花不结实。5月中旬播种后10天左右出苗，播种第二年5月初返青，6月末进入始花期，7月中下旬进入盛花期，8月上旬种子成熟，9月上旬进入枯黄期。生育天数130d左右。植株高大，枝叶繁茂，产草量高而稳定，两年的平均鲜草、干草产量达到95 104kg/hm²和26 117kg/hm²，可抗御暴雨的冲刷和地表径流对土壤的侵蚀，水土保持效果良好。具有耐寒、抗旱、耐盐碱、耐瘠、防风沙等优良特性。在年降水量250～500mm的地区，无灌溉的条件下，可以正常生长。

二、适宜区域

该品种抗寒性及抗旱性较强，耐轻度盐碱，因此适应范围较广，主要在我国北方地区种植。

三、栽培技术

（一）选地

该品种适应性较强，对生产地要求不严格，农田、沙地、轻度盐碱及荒坡地均可栽培。大面积种植时应选择较开阔平整的地块，以便机械作业。进行种子生产时应选择光照充足的地块，以利于种子发育。

（二）整地

该品种种子小，需要深耕精细整地。播种前清除地面上的残茬、杂草、杂物，耕翻、细耙，充分粉碎土块，平整土地；

杂草严重时可采用除草剂处理后再翻耕。在地下水位高或者降雨量多的地区要注意做好排水，防止后期发生积水烂根。

（三）播种技术

1. 播种期

该品种春、秋季均可播种。

2. 播种量

一般播种量为 $10kg/hm^2$。

3. 播种方式

可采用条播，行距 50cm，播种深度为 2～3cm。播后镇压。

（四）水肥管理

不追肥，不灌溉，保持自然状态。种子荚变黄后，应及时收获，防止种子落粒。

（五）病虫杂草防控

该品种整个生育期未见感染病害。

苗期生长缓慢，要及时清除杂草。第二年以后生长快，有很强的抑制杂草能力。

四、生产利用

该品种耐旱、耐寒、耐贫瘠性均较强，植株高大、叶量丰富、产草量高、生育期长、营养价值较高，是首选的豆科优良饲草。据农业农村部全国草业产品质量监督检验测试中心检测，第一次刈割（以干物质计）水分含量 7.8%，粗蛋白含量 14.2%，粗脂肪含量 19.4g/kg，粗纤维含量 33.8%，中性洗涤纤维含量 48.8%，酸性洗涤纤维含量 36.3%，粗灰分 7.0%，钙含量 1.13%，磷含量 0.15%。

在北方地区适宜作割草地利用，第一茬刈割在盛花期进行，刈割留茬高度为 5～7cm，最后一次刈割应在植株停止生长前 30 天进行，以利越冬。

可青饲、青贮、放牧或调制干草。在我国北方地区主要用于干草晾晒，制作成草捆进行贮藏和运输。

该品种植株高大，枝叶繁茂、产草量高而稳定，可抗御暴雨的冲刷和地表径流对土地的侵蚀，水土保持效果良好。具有耐寒、抗旱、耐盐碱、耐瘠、防风沙等优良特性。适宜于饲用和作为保持水土植物利用。

公农白花草木樨主要营养成分表（以干物质计）

收获期	水分 （%）	CP （%）	EE （g/kg）	CF （%）	NDF （%）	ADF （%）	CA （%）	Ca （%）	P （%）
初花期	7.8	14.2	19.4	33.8	48.8	36.3	7.0	1.13	0.15

注：农业部全国草业产品质量监督检验测试中心测定。

CP：粗蛋白，EE：粗脂肪，CF：粗纤维，NDF：中性洗涤纤维，ADF：酸性洗涤纤维，CA：粗灰分，Ca：钙，P：磷。

公农白花草木樨群体　　　　　　　　品比试验

26. 中豌 10 号豌豆

中豌 10 号豌豆（*Pisum sativum* L. 'Zhongwan No. 10'）是中国农业科学院北京畜牧兽医研究所从 2006 年开始，用"中豌 4 号"豌豆为母本、"草原 23 号"豌豆为父本通过有性杂交选育方式，以早熟、大粒、丰产为主要育种目标，在杂交后代中经过连续 5 代自交和两次选优去劣而育成的新品种。于 2016 年通过全国草品种审定委员会审定登记，登记号：507。该品种具有早熟、大粒、丰产特性。经多年多点比较试验证明：干籽粒产量为 3.7～4.0t/hm²，在北京地区春播生育期为 65～68 天。

一、品种介绍

豆科豌豆属一年生草本，二倍体，自花授粉植物。直根系，初生根上着生大量细长侧根，主要分布于 0～10cm 土层，主根着生类似肾状根瘤较多，成熟期株高 52.5cm，单株平均分枝 1.4 个，节数 7.7 个，茎叶浅绿色，稍显蜡质，顶端叶卷须性状明显，花白色，单株平均结荚数 8.7 个，荚长 7.6cm，荚宽 1.2cm，单荚粒数 6.6 个，子粒浅黄色，圆形，粒大，千粒重约 270 克，抗倒伏，潜叶蝇和白粉病发病较轻。早熟品种，在北京地区春播生育期为 65～68 天。在良好栽培管理条件下，籽粒产量可达 3 750～4 000kg/hm²。经过多年多点的品比试验、区域试验和生产试验，该品种表现出较好的遗传一致性和稳定性。

二、适宜区域

目前，我国豌豆的主要产区为四川、河南、湖北、江苏、云南、陕西、山西、西藏、青海、新疆等 10 个省（区），年种植面积约 150 万公顷，从豌豆种子萌发到成熟期≥5℃的有效积温达 1 500℃以上的区域均可种植，北方适宜春播，南方多为冬播或秋播。

三、栽培技术

（一）选地

豌豆对立地土壤要求不严，适应范围较广，但以有机质含量多、排水良好，并富含氮、磷、钾的壤土为佳。其有一定的耐酸能力，在 pH 5.5～6.7 土壤中均能正常生长。但当土壤过酸或过碱时，会抑制根瘤的形成和发育。要注意豌豆忌连作，连作使籽粒变小，产量降低，品质下降，病虫害加剧。豌豆适合与禾谷类或中耕作物轮作。

（二）整地

北方春播区应在入冬前翻地，施足农家肥料，注意增施磷、钾肥作底肥。入冬前浇足冻水，可在翻耕前每公顷施基肥（农家肥、厩肥）15 000～30 000kg，过磷酸钙 300～

600kg 或其他氮、磷、钾混合肥。南方雨水较多地区，应开沟做畦。播前一定要精细整地，一般进行深翻、细耙、整平，做到地平土细、上松下实，以利出苗。

（三）播种技术

1. 种子处理

播前晒种 1～2 天，有利于出苗整齐。

2. 播种期

豌豆属长日照作物，延长光照能提早开花，缩短光照则延迟开花。豌豆对温度的适应范围较广，但更喜凉爽湿润的气候，抗寒能力强。种子在 1～2℃时即能发芽，8～15℃时发芽较快，出苗整齐。幼苗耐寒，可忍耐短期 −5℃的低温。生长期内适宜温度 15℃左右，开花期适宜温度为 18℃，结实期适宜温度为 18～20℃，若遇高温会加速种子成熟，使产量和品质降低。所以北方多春播，播种期为 3—4 月，且当气温回升稳定时，应尽量早播；南方冬播，播种期为 11—12 月；种植密度应根据土壤肥力和品种特性而定。

3. 播种量

每公顷播种量 150～225kg。

4. 播种方式

豌豆单播时，采用条播方式，行距 20～30cm，覆土 3～5cm。豌豆除单播外，也可与麦类作物间、混种，以提高单位面积产量。混播的比例，因地制宜，以麦类为主时，麦类的播量比单播略少，每公顷播种豌豆 90kg 左右。以豌豆为主时，豌豆的播量比单播时略少，每公顷增播小麦 37.5kg 以上。

(四) 水肥管理

生长期间加强田间管理十分重要，水肥供应良好时，结荚多，籽粒饱满，产量高。如发现地瘦苗黄应及时追施氮肥，每公顷施尿素75kg，施后立即灌水，然后松土保墒，氮肥不宜施得过多、过晚，以免茎叶徒长而荚果不饱满。开花结荚期喷施磷肥，特别是喷施硼、锰、钼等微量元素肥料，增产效果显著。开花结荚期需水较多，应适时灌水，一般每隔10天一次。多雨地区应注意排水。从苗期至封行前应锄草2～3次，以利生长。

(五) 病虫杂草防控

豌豆主要病害有白粉病、褐斑病。白粉病的防治方法是在发病初期用50％托布津可湿性粉剂800～1 000倍液喷雾，每隔7～10天喷一次。褐斑病是在开始发病时喷洒波尔多液（硫酸铜∶生石灰∶水＝1∶2∶200），每隔10～15天喷一次。主要虫害有潜叶蝇和豌豆象。潜叶蝇应从苗期开始防治，喷斑潜净杀虫剂或40％氧化乐果1 600倍液，每隔7天喷一次。豌豆象的防治方法是在种子收获后，及时用磷化铝熏蒸，每立方米用药12g，密闭熏3天，然后打开散气，夏季气温高时熏蒸效果好。杂草防控的重点主要是在苗期，通过中耕除草。

四、生产利用

当80％茎叶和荚果变黄时，应立即收获。宜在早晨露水未干时收运，以防炸荚落粒，上场后及时晾晒脱粒，晒干后装袋储存。

豌豆营养价值较高，一般作为人类食用或淀粉加工之用，也可作为饲料作物来利用。其籽实蛋白质含量为22％～24％，比禾谷类高1～2倍，不仅含量高，质量也好，尤以赖氨酸含量较高，氨基酸的组成优于小麦。此外富含硫胺素、核黄素、烟酸及钙、铁、磷、锌等多种无机盐，是家畜的优良精饲料，被广泛地用作猪、鸡、鹌鹑等的蛋白质补充饲料。据中国农业科学院畜牧研究所饲养试验表明：对生长肥育猪在补加蛋氨酸的情况下，日粮中用30％的干豌豆可代替日粮中13％的豆饼或6％鱼粉；在肉鸡日粮中添加15％～20％的干豌豆，可代替日粮中1/2的豆饼，鸡的生长速度、饲料报酬与正常肉鸡饲养效果相似。豌豆中胰蛋白酶抑制剂、脂类氧化酶和脲酶的活性低于大豆，因而消化率较高，而且脂肪和抗营养因子含量低，一般认为也可以生喂。豌豆秸秆和荚壳含有6％～11％的蛋白质，质地较软易于消化，是家畜优良粗饲料，喂马、牛、羊、兔均可，还可以喂鱼。豌豆的新鲜茎叶也为各种家畜所喜食，可以青喂、青贮、晒制干草或干草粉，为生产上广泛利用的一种饲料作物。

根据农业农村部全国草业产品监督检验测试中心提供的测试结果，中豌10号豌豆营养价值较高，籽实蛋白质含量22％～24％，可作精饲料。结荚期秸秆含蛋白质10.1％、粗脂肪20g/kg、粗纤维31.2％、NDF56.8％、ADF46.1％、粗灰分18.5％、钙1.78％、磷0.08％。可青喂、青贮、晒制干草或草粉。

中豌 10 号豌豆秸秆主要营养成分表（以风干物计）

生育期	水分 (%)	CP (%)	EE (g/kg)	CF (%)	NDF (%)	ADF (%)	CA (%)	Ca (%)	P (%)
结荚期	6.9	10.1	20.0	31.2	56.8	46.1	18.5	1.78	0.08

注：农业部全国草业产品质量监督检验测试中心测定。

CP：粗蛋白，EE：粗脂肪，CF：粗纤维，NDF：中性洗涤纤维，ADF：酸性洗涤纤维，CA：粗灰分，Ca：钙，P：磷。

中豌 10 号豌豆单株　　　　中豌 10 号豌豆群体

中豌 10 号豌豆种子

27. 滇中鸭茅

滇中鸭茅（*Dactylis glomerata* L.'Dianzhong'）为1998—2000年间在云南省滇中地区的小哨、浑水塘、嵩明、杨林军马场等地的山地灌草丛下（N25°10′～25°35′，E102°51′～103°05′，海拔 1 900～2 400m）收集来的多个野生鸭茅株丛，相关研究人员经过长达十多年的连续株系选择、驯化、选育而成的野生栽培品种。2017年通过全国草品种审定委员会审定登记，登记号：524。该品种适应范围广、耐瘠薄、耐旱、其株型紧凑，分蘖再生性强，抽穗量大，整齐一致性好，丰产性、稳定性及饲草全年均衡性均优，种子产量和饲草产量均高，在冬季生长表现优。经多年多点试验证明，滇中鸭茅的年均干草产量 8 696kg/hm²，最高干草产量可达15t/hm²，种子年均产量270～507kg/hm²。

一、品种介绍

禾本科鸭茅属多年生草本植物。四倍体异花授粉植物，丛生习性，分蘖性中等，花期株高80cm左右。叶片纤细呈灰绿，叶长51.7cm，宽0.7cm；旗叶长24.8cm，旗叶宽0.6cm；叶鞘稍扁，闭合至中部以上，叶舌膜质，长0.5～1.0cm。茎秆含4～5节。花序呈金字塔形，长约20cm，宽约10cm。小穗偏生分枝顶端一侧，含6~7小花。颖片不等长，膜质，中脉明显，先端渐尖或有短芒；外稃披针形，长0.6~0.8cm，先端渐尖或具短芒，脊中部以上有明显纤毛；内稃膜质，具2脊，短于外稃；小穗长约9.4mm，宽约5.4mm，小穗轴节间长有纤毛，成熟易脱落。种子千粒重0.72~0.85g。

刈牧兼用型品种。抗旱、耐寒、耐热、耐贫瘠性较好，抗锈病能力强于安巴，喜潮湿环境和肥沃土壤，在酸性和碱性土壤条件下生长良好，在滇中贫瘠、季节性干旱严重的岩溶地区也能良好生长。耐刈割，刈后再生良好。良好的水肥条件下营养期多次刈割干草产量最高可达14.8t/hm²。营养生长期的草质与紫花苜蓿接近，可与多年生黑麦草媲美。耐旱、耐贫瘠能力强于多年生黑麦草，与苇状羊茅大致相当。耐牧性好，良好管理条件下，与白三叶混播可持续放牧利用10年以上。耐阴性强，特别适合生态环境治理和林（果）草间作。但耐热性一般，结实期适口性和消化率下降明显。

二、适宜区域

云贵高原或长江以南中高海拔的温带至北亚热带地区适宜种植，特别适合在云南海拔1 800m以上地区种植。

三、栽培技术

（一）选地

对土壤要求不严，在酸性、碱性土壤、黏性土壤和短暂水淹土壤上可以生长，不适宜在地下水位高的土壤上生长。

（二）整地

种子细小，苗期生长缓慢，播种前要求对 0～30cm 土层全翻耕、整地精细和除尽地表杂草。在整地的同时，根据土壤肥力状况施足底肥，一般施用有机肥 1～3t/hm²，或复合肥 300～600kg/hm²，或根据土壤的酸碱性，分别选择施用无机生理碱性或酸性肥料。

（三） 播种技术

1. 播种期

一般在雨季来临前播种，即 5 月底至 6 月中下旬播种和在秋季的 9 月播种。

2. 播种量

单播播量 12～18kg/hm²，混播播量 15～20kg/hm²。条播的播种深度 1cm 左右，播后覆土宜浅，并适度镇压。

3. 播种方式

依据利用方式不同而采取不同的播种方式。即：

刈割利用采用单种或与紫花苜蓿间作条播，单播行距为 0.30～0.50m，间作行距 0.35～0.45m，良种子生产的播距为 0.4m×0.5m。人工放牧草地利用和果园地面覆盖植物则采用与适宜的豆科和其他禾本科牧草，按照豆禾比例 3：7 混合后进行撒播。播种深度≤1cm，播后轻耙地表，然后镇压。

（四）水肥管理

单播刈割利用。单播当年施用基肥为磷肥 350～

600kg/hm², 钾肥 100~150kg/hm², 尿素 150~250kg/hm², 维持肥用量依据牧草长势和刈割次数施用基肥量的 30%~60%。

间作刈割利用。播种当年施用基肥为钙镁磷肥 450~500kg/hm², 硫酸钾 100~150kg/hm², 维持肥一般在每年雨季来临之前施入, 施肥量一般为基肥用量的 30%~60%。由于滇中鸭茅与紫花苜蓿间作较好, 特别是在云南省温带至北亚热带的高寒山区可作为冬季饲料贮备利用。

种子生产利用和贮存。除了与单播施肥用量一样外, 滇中鸭茅进入花期或盛花期, 在晴天的上午时段人工来回拉动绳子进行人工辅助授粉, 以增加种子的饱满性和产量。在穗子微黄或花序轴变黄时进行刈割或用机械收割。清选的种子在常温下保存 2~3 年, 发芽率能维持在 50%左右, 在 5℃低温干燥库内能保存 5~6 年, 发芽率保持在 60%~70%。

混播草地的利用。以鸭茅和白三叶为主的混播人工草地, 播种的当年施用 50~100kg/hm² 尿素作为启动氮肥, 同时施用磷肥 350~450kg/hm², 钾肥 50~200kg/hm², 当草地层高达到 40cm 时可进行轻牧, 在建植后的混播人工草地进行监测, 分区适时放牧, 以便保持人工草地的持续利用。

(五) 病虫杂草防控

滇中鸭茅抗锈病能力较其他栽培品种强, 很少发生, 一旦发生锈病, 可喷施粉锈灵、代森锰锌等进行防治。在高温高湿的情况下容易发生蛴螬虫害和黑穗病, 可分别用 3%呋喃丹颗粒和 50%多菌灵分别对蛴螬和黑穗病进行防治。

播种后的滇中鸭茅出苗迟而缓慢，在整地时应及时除尽土壤表面杂草，保证鸭茅的正常生长。对建成含有鸭茅的人工草地，需适时进行人工除杂，以维持草地的持续利用。

四、生产利用

优质禾本科牧草，生长旺盛，形成大量的茎生叶和基生叶，具有草质柔软、营养价值高，适口性好，牛、马、羊、兔等均喜食，其干物质体外消化率达 63.34%。可放牧利用、适宜单播或与紫花苜蓿、红三叶等豆科牧草间作，做青刈利用或晾晒干草。调制干草或制作青贮时，宜在孕穗至抽穗期刈割，刈割过迟将导致草质粗糙，营养成分明显降低。亦可与白三叶等下繁型豆科牧草混播放牧，种植当年不利用或在冬季轻度放牧利用；次年返青后，植株进入分蘖期即可正常放牧利用。耐刈割，刈后再生性好，饲草和种子产量高。在大田高水肥栽培条件下单播年均干草产量 $8.0 \sim 14.9t/hm^2$，种子产量最高可达 $465kg/hm^2$。与紫花苜蓿混作的干草产量达 $8.0 \sim 9.3t/hm^2$。

滇中鸭茅主要营养成分表（以干物质计）

收获期	年份	水分 （%）	CP （%）	EE （g/kg）	CF （%）	NDF （%）	ADF （%）	CA （%）	Ca （%）	P （%）
抽穗期	2011	5.3	15.0	20.9	29.4	63.4	40.2	15.2	0.79	0.41
	2012	3.8	19.9	22	26.6	52.9	30.3	11.7	0.37	0.26

注：农业部全国草业产品质量监督检验测试中心测定。

CP：粗蛋白，EE：粗脂肪，CF：粗纤维，NDF：中性洗涤纤维，ADF：酸性洗涤纤维，CA：粗灰分，Ca：钙，P：磷。

滇中鸭茅花

滇中鸭茅种子

滇中鸭茅单株

滇中鸭茅群体

28. 英特思鸭茅

英特思鸭茅品种（*Dactylis glomerata* L. 'Intensiv'）是以罗马尼亚生态型野生鸭茅材料为亲本，由百绿荷兰公司罗马尼亚育种站育成，于1988年登记的四倍体晚熟品种。该品种于2000年、2002年、2009年、2010年和2011年分别在捷克、奥地利、克罗地亚、白俄罗斯和俄罗斯联邦进行了品种登记。英特思鸭茅由北京市农林科学院北京草业与环境研究发展中心和百绿（天津）国际草业有限公司于2008年开始引种试验，2018年通过全国草品种审定委员会审定登记，登记号：548。该品种具有适应性强、优质高产的特点。多年多点区域试验结果显示，在适宜种植区英特思鸭茅年均干草产量达13 000kg/hm²，粗蛋白、NDF和ADF分别为20.4％、56.8％和28.3％。

一、品种介绍

禾本科鸭茅属多年生草本植物。疏丛型，株高可达120cm。须根系发达，茎秆直立，叶全缘，叶片长35～50cm，宽7～12mm，顶端撕裂状圆锥花序开展，长7～30cm，小穗聚集于分枝的上部，通常含2～5小花，颖披针形，先端渐尖，长4～6.5mm，第一外稃与小穗等长，顶端具 1mm 的短芒，颖果长卵形，黄褐色，千粒重 1.03g。

该品种在北京地区于 3 月下旬返青，4 月下旬分蘖，5 月底—6 月初抽穗，6 月中旬开花，7 月 17—18 日种子成熟，生育期达 116d，绿色生长期为 247d，为四倍体晚熟品种。属冷季型牧草，喜温暖湿润气候，对土壤适应性较广，较耐酸，耐阴性强，抗旱性和耐热性也较强，再生性能较好，叶量较丰富，在我国西南、华南等适宜种植区年可刈割收获 5 茬以上，年均干草产量 13 000kg/hm² 以上。

二、适宜区域

适用于我国云南、贵州、四川南部、福建温凉湿润地区种植，为我国西南、华南部分地区人工草地建设、生态环境修复与治理及林草复合系统建立提供优质高产的牧草品种。

三、栽培技术

（一）选地

该品种适应的土壤范围较广，在肥沃的壤土和黏土上生长较好。大面积种植时应选择较开阔平坦的地块，便于机械作业。也适宜选择林间土地种植。

（二）整地

因英特思鸭茅的种子较小，苗期生长缓慢，播前要求土地翻耕和精细整地。翻耕后必须耙压切碎大土块，使表土变紧，土层平整，利于保墒，为其播种、出苗、生长发育创造良好土壤条件，结合整地可施入腐熟的农家肥，施肥量为 22.5t/hm²。

（三）播种技术

1. 播种期

适宜于春季或秋季播种建植，尤以秋播为宜。

2. 播种量

单播播种量为 22.5～30kg/hm²，与三叶草等豆科牧草混播，混播适宜比例为 2～3∶1。

3. 播种方式

适宜条播，行距 20～30cm，播种深度 1～2cm。也可与三叶草等豆科牧草混播建立优质人工草地。

（四）水肥管理

播种前结合整地，可施用腐熟农家有机肥作底肥（施肥量 22.5t/hm²），播种后及时镇压并灌水，之后要保持地面湿润以利于幼苗出土；刈割后可施氮肥（75kg 纯氮/hm²），同时灌水。越冬前和返青后应各灌水一次，保证植株安全越冬和返青再生。

（五）病虫杂草防控

苗期生长较缓慢，要及时进行杂草防除。生长时期，如发现有病虫害发生，可利用低毒高效农药防治。

四、生产利用

建植的英特思鸭茅草地既可收获制作干草，也可作为放牧草地利用。该品种再生速度相对较快，在云南、贵州等地区抽穗初期刈割，年均可刈割收获5～6茬，留茬高度为5～8cm。也适宜于林间土地种植。

英特思鸭茅主要营养成分表（以干物质计）

收获期	水分 (%)	CP (%)	EE (%)	CF (%)	NDF (%)	ADF (%)	CA (%)	Ca (%)	P (%)
抽穗期	7.7	20.4	42.3	25.5	56.8	28.3	6.3	0.65	0.35

注：农业部全国草业产品质量监督检验测试中心测定。

CP：粗蛋白，EE：粗脂肪，CF：粗纤维，NDF：中性洗涤纤维，ADF：酸性洗涤纤维，CA：粗灰分，Ca：钙，P：磷。

英特思鸭茅单株　　　　　　英特思鸭茅群体

英特思鸭茅花序　　　　　　英特思鸭茅茎

29. 康北垂穗披碱草

康北垂穗披碱草（*Elymus nutans* Griseb.'Kangbei'）是四川农业大学等单位以采集四川省炉霍县的野生垂穗披碱草为原始材料，以高产、耐寒、植株直立性好等作为主要育种目标，经过多年混合选择、栽培驯化而成的野生栽培品种。由四川农业大学、西南民族大学等单位于2017年申请并通过全国草品种审定委员会审定登记，登记号：527。该品种植株高大，茎秆粗壮且较直立，叶量丰富、叶层较高，种子产量高；耐寒、抗旱，抗倒伏能力强。该品种具有丰产性和抗病性。多年多点比较试验表明，康北垂穗披碱草在适宜种植区干草产量一般可达6 000～9 000kg/hm²，种子产量可达1 200～2 200kg/hm²。

一、品种介绍

禾本科披碱草属多年生草本植物。疏丛型，上繁草。须根系，茎秆直立，基部稍有屈膝；植株高大粗壮，株高115～140cm，茎粗0.31～0.45cm；叶量较丰富，叶长6～25cm，宽7～15mm。穗状花序下垂且较紧密，小穗多偏于穗轴一侧，开花期略带紫色，长16～28cm，具23～30节，每节多具2～3个小穗，外稃芒长1.8～2.3mm；颖果长椭圆形，种子千粒重 3.5～4.2g。

该品种适应性强，对土壤要求不严，各种土壤均可种植，耐瘠薄。耐寒性强，直立抗倒伏，产草量高，叶量丰富，适口性好。在青藏高原地区一般 5 月上、中旬播种，两周后出苗，一个月左右开始分蘖，播种当年少部分植株能够完成其生育期，基本处于营养期。翌年 3 月下旬或 4 月上旬返青，6 月下旬孕穗，7 月上旬抽穗，7 月中下旬开花，8 月中下旬种子成熟，生育期 150～160 天。

二、适宜区域

康北垂穗披碱草适宜在我国青藏高原东南缘年降水量400mm 以上的地区种植。

三、栽培技术

（一）选地

适应性较强，对土壤要求不严格，如有条件可选择土壤肥沃、土层深厚的地块。大面积生产时最好地块能集中连片，有较开阔平整的地块，以便机械作业，交通方便，便于运输。

（二）整地

播种前主要对土壤进行除杂处理，用选择性除草剂（2,4-D丁酯或阔极）除去田间阔叶杂草，用除虫剂（呋喃丹等）杀除土壤中的害虫。结合整地，施入有机肥 15 000～

20 000kg/hm^2 或复合肥 150～225kg/hm^2 作底肥。

（三）播种技术

1. 种子处理

种子具芒，机械播种前要对带芒的种子进行去芒处理，其他在有条件的地方也可进行脱芒处理。

2. 播种期

在青藏高原地区一般春播，气候稍暖地区可以早播或夏秋播。在川西北高原最适宜播种期为 4 月中旬至 5 月中旬。

3. 播种方法

播种方式撒播、条播均可。条播播量 30～37.5kg/hm^2，行距 20～30cm，播种深度 3～5cm，撒播播量 37.5～45kg/hm^2。作退化草地免耕补播改良时播种量为 15～22.5kg/hm^2，播种深度 1～2cm。与披碱草属的其他种或早熟禾属、羊茅属以及豆科牧草混播时，以禾本科草种占 70%～75%，豆科草种占 25%～30%比例，可有效提高草地的产量和品质。

（四）田间管理

康北垂穗披碱草苗期生长比较缓慢，容易受杂草危害，应加强苗期杂草的防控，可选用阔叶型除草剂防治地面阔叶杂草。生长期病虫害少。

四、生产利用

康北垂穗披碱草主要作为青藏高原东缘高寒牧区的饲草，利用刈割或放牧，刈割后青饲、调制干草或青贮均可；

还可用于人工草地建设、天然草地补播改良。一般在抽穗期收获，其营养价值最高，在开花期利用能够获得较高的产量，留茬 5～6cm。调制青干草时，宜选择干燥晴朗天气，刈割后需要及时摊开、翻晒至牧草含水量至 12％左右，直接打捆堆垛贮存。调制青贮料时，刈割后摊晒至水分含量为 65％～75％时，可与适当豆科牧草进行混合青贮。

康北垂穗披碱草主要营养成分表（以干物质计）

收获期	CP (％)	EE (g/kg)	CF (％)	NDF (％)	ADF (％)	CA (％)	Ca (％)	P (％)
抽穗期	10.2	20.0	36.8	68.5	40.3	5.2	0.18	0.14

注：农业部全国草产业品质质量监督检验测试中心测定。

CP：粗蛋白，EE：粗脂肪，CF：粗纤维，NDF：中性洗涤纤维，ADF：酸性洗涤纤维，CA：粗灰分，Ca：钙，P：磷。

康北垂穗披碱草群体

康北垂穗披碱草单株

康北垂穗披碱草穗部花序

康北垂穗披碱草种子

30. 萨尔图野大麦

萨尔图野大麦（*Hordeum brevisubulatum*（Trin.）Link 'Saertu'）是东北农业大学以在黑龙江省大庆市萨尔图区春雷牧场（土壤 pH 9.5）采集到的野生大麦种子为育种材料，以耐盐碱、提高产草量和改善营养品质为育种目标，利用单株选育法，历经 11 年选育而成。2018 年通过全国草品种审定委员会审定登记，登记号：550。该品种耐盐碱能力较强，在土壤 pH 8.0～9.5 条件下能良好生长和繁育，草地改良效果良好；春季返青早，分蘖力强，株高 60～90cm；平均干草产量达 4 727kg/hm²。

一、品种介绍

禾本科大麦属多年生草本植物。疏丛型，茎秆直立或膝曲，株高 60～90cm，光滑，具 2～4 节。分蘖力较强，种植第一年分蘖数 8～20 条，第二年可达 80～130 条。叶片宽 4～6cm，长 8～16cm，灰绿色。穗状花序长 3～10cm，绿色，成熟时带紫色，小穗三枚生于每节，各含 1 朵小花。自花授粉。颖果外稃具短芒，千粒重 2.2g。种子成熟后落粒性较强，宜在种子成熟 60%～80% 时及时采收，种子产量可达 450kg/hm²。分蘖力强，三年平均分蘖枝条数 79.59

个，比对照提高 23.58％。主要特性如下：

（1）耐盐碱能力较强。在土壤 pH 8.0～9.5 土壤条件下能良好生长和繁育，是重、中度盐碱退化草地改良和建设人工草地的优良牧草品种。

（2）生长迅速、盐碱草地改良效果好。在重、中度盐碱退化草地播种当年平均株高可达 20cm 以上，最高达 35cm，草地改良效果好。而种植羊草由于种子发芽率较低，且当年幼苗生长极其缓慢，草地改良效果不佳。

（3）产草量高。返青早，在东北地区 4 月中旬返青，分蘖力强，株高 60～90cm，年平均干草产量达 4 727kg/hm²，比对照品种野生野大麦提高 11％。

（4）极强的抗寒性。在东北地区即使在 8 月初播种，越冬前幼苗株高只生长到 5～10cm，漫长冬季没有积雪覆盖且干旱条件下，都能安全越冬返青，抗寒越冬能力极强。

二、适宜区域

适宜在东北三省及内蒙古东北部地区盐碱退化草地植被恢复及高产人工草地的建设。

三、栽培技术

在东北地区播种期为 6 月中下旬至 7 月中旬。条播，行距 30cm，播种量 60kg/hm²，播种深度 2～3cm，播种同时施入种肥 225kg/hm²（磷酸磷酸二氢铵 150kg/hm²＋尿素 75kg/hm²），及时覆土镇压。出苗后及时灭除杂草。从种植第二年后每年刈割两次，第一、二次刈割时间均为抽穗期至开花期。

（一）选地与整地

1. 选地

适宜在排水良好，土壤 pH 8.0～9.5 盐碱地种植。在土质疏松肥沃、有机质丰富的黑钙土和壤土生长良好。

2. 整地

在重度退化盐碱地种植时，忌深翻，宜在雨季浅翻轻耙后直接播种。在黑钙土和壤土地块种植时，宜秋天整地，为来年播种出苗创造条件。

（二）播种时期

在东北地区种植野大麦宜采用夏播，播种期为 6 月中下旬至 7 月中旬。

（三）播种方法

行距 30cm 条播，播后及时覆土镇压，覆土深度 2～3cm。播种量为 60kg/hm²。

（四）施底肥

播种当年施底肥为磷酸二铵 150kg/hm²，尿素 75kg/hm²。

（五）田间管理

灭除杂草是野大麦田间管理中最重要的工作之一，大面积种植可采用化学除草，宜选用能够灭除阔叶杂草的选择性除草剂。个别大型杂草可人工拔除。

四、生产利用

（1）可作为重度或中度退化盐碱草地快速建立高产人工草地的首选品种。萨尔图野大麦耐盐碱能力较强，在土壤 pH 8.0～9.5 条件下能良好生长和繁育，是重、中度盐碱退化草地改良和建设人工草地的优良牧草品种。天然盐碱草地退化严重，草畜矛盾日益突出，对耐盐碱、生长快、营养价值丰富的牧草新品种的需求日渐增加。

（2）萨尔图野大麦种子产量高。羊草由于种子数量少、发芽率较低和苗期生长缓慢等原因，远远不能满足生产需要，萨尔图野大麦是一种既适应当地盐碱地土壤和气候条件，又生长迅速、种子产量高、营养丰富、产草量高的耐盐碱牧草新品种，早春4月初返青，结实率和种子产量都优于羊草，是改良羊草退化草地的优良草种。

（3）产草量高，营养丰富，是畜禽的优质饲草。从种植第二年开始每年刈割两次，第一次刈割时间为 6 月 10—15 日，留茬高度 10cm，物候期为初花期至开花期；第二次刈割时间为 8 月 10—15 日，留茬高度 10cm。

萨尔图野大麦主要营养成分表（以干物质计）

收获期	水分（%）	CP（%）	EE（g/kg）	CF（%）	NDF（%）	ADF（%）	CA（%）	Ca（%）	P（%）
初花期	7.4	12.0	24.2	30.9	63.8	35.7	5.6	0.23	0.14

注：农业部全国草业产品质量监督检验测试中心测定。

CP：粗蛋白质，NDF：中性洗涤纤维，ADF：酸性洗涤纤维，CA：粗灰分，Ca：钙，P：磷。

萨尔图野大麦花序　　　　　萨尔图野大麦群体

萨尔图野大麦单株

31. 川引鹅观草

川引鹅观草（*Roegneria kamoji* Keng 'Chuanyin'）是以日本京都的野生鹅观草资源为原始材料，经连续株系选择驯化选育而成的野生栽培品种。由四川农业大学小麦研究所于 2017 年申请并通过全国草品种审定委员会审定登记，登记号：532。该品种具有显著丰产性。多年多点比较试验证明，川引鹅观草平均干草产量 85kg/hm^2，最高年份干草产量 130kg/hm^2。在成都平原，平均年鲜草产量可达 50 000～72 000kg/hm^2，干草产量达 10 000～21 000kg/hm^2。

一、品种介绍

禾本科鹅观草属多年生草本植物。须根系，植株斜生或直立，绿色，丛生，株高 90～120cm，叶片条形，长 14～21cm，平均叶宽 1.3mm。穗状花序弯曲，花序长 30～39cm，每穗小穗数 18～23 个，每小穗含 6～8 朵小花。颖披针形，芒长 3～4mm，内稃略高于外稃。颖果长圆形，千粒重 6～8g。种子成熟一致，易脱落，六倍体。

春季返青早。孕穗或抽穗期刈割，再生力强，一年可刈割 1～2 次。耐贫瘠，高抗锈病、白粉病。不耐热，气温超过 35℃时生长受阻，持续高温且昼夜温差小的条件下，往往会造成大面积死亡。适应性广，适应海拔 300～2 500m、降水范围 400～1 700mm 的丘陵、平坝、林下和山地。对土壤要求不严格，各种土壤均可生长。长江中上游亚热带气候区一般为秋播，在寒温地区宜春播，温凉地区可春播或秋播。生育期 244 天。

二、适宜区域

适宜范围广，全国各地均可栽培，但适宜生长的年平均温度范围为 10～17℃。在年降水量为 400～1 700mm 的地区生长最为良好。我国长江流域、云贵高原、西南地区是其适宜生长区域。

三、栽培技术

（一）选地

该品种适应性较强，对生产地要求不严，农田和荒坡地均可栽培。大面积种植时应选择较开阔平整的地块，以便机械作业。进行种子生产时应选择光照充足的地块，以利于种子发育。

（二）整地

种子小，需要深耕精细整地。播种前清除地面上的残茬、杂草、杂物，耕翻、平整土地；杂草严重时可采用除草剂处理后再翻耕。在土壤黏重、降雨较多的地区要开挖排水沟。作为刈割草地利用时，在翻耕前每公顷施基肥（农家肥、厩肥）15 000～30 000kg，过磷酸钙 300～600kg。

（三）播种技术

1. 种子处理

筛选粒大饱满、整齐一致、无杂质的种子，以保证种子营养充足，出苗整齐。要针对当地苗期常发病虫害进行药剂拌种。也可用含有营养元素、药剂、激素的种衣剂包衣，有助出苗整齐。

2. 播种期

长江中上游亚热带气候地区一般为秋播，在寒温地区宜春播，温凉地区可春播也可秋播。长江流域低山丘陵区以 9 月下旬至 10 月上旬播种为好，过早播种虫害、杂草严重。

3. 播种量

根据播种方式和利用目的而定。单播时，以刈割为利用目的，若条播，播量为 30～35kg/hm²（种子用价为 95％以上），若撒播，播种量适当增加 30％～50％；以收获种子为目的，条播时，播种量为 20～30kg/hm²，撒播时播种量适当增加。与多花黑麦草或鸭茅混播，若以割草地利用，则混播比例定为 1∶1 或 2∶1，川引鹅观草播种量为其单播时的 60％～70％；若放牧利用，则种子混播比例以 1∶1 或 1∶2 为宜，川引鹅观草播种量为其单播时的 50％～60％。

4. 播种方式

可采用条播或撒播，生产中以撒播为主。条播时，以割草为主要利用方式的，行距 25～30cm；以收种子为目的时，行距为 30～40cm。覆土厚度以 2～3cm 为宜，播深太深影响出苗。人工撒播时可用小型手摇播种机播种，也可将种子与细沙混合均匀，直接用手撒播。撒播后可轻耙地面或进行镇压以代替覆土措施，使种子与土壤紧密接触。撒播出苗率低于条播，撒播前最好将土壤灌溉一次，以提高出苗率。

（四）水肥管理

在幼苗 3～4 片真叶时要根据苗情及时追施苗肥，使用尿素或复合肥，施肥量 $75kg/hm^2$，可撒施、条施或叶面喷施。以割草为目的的川引鹅观草草地，每次刈割后追施肥料，以尿素为主，施量为 $150～300kg/hm^2$，可以撒施、条施。

在年降水量 600mm 以上地区基本不用灌溉。但在降雨量少的地区适当灌溉可提高生物产量，灌溉主要在分蘖期进行。在南方夏季炎热季节，有时会出现阶段性干旱，在早晨或傍晚进行灌溉，有利于再生草生长和提高植株越夏率。同样，在多雨季节，要及时排水，防治涝害发生。

（五）病虫杂草防控

川引鹅观草基本无病害发生。虫害主要有地下害虫、蚜虫等，可用低毒、低残留药剂进行喷洒；地下害虫蛴螬对根具有危害，特别是在第一年种植后的越夏期易遭受虫害，可用杀虫剂进行防治。

川引鹅观草苗期生长缓慢，要及时清除杂草。混播草地及时清除有毒有害杂草，单播草地可通过人工或化学方法清除杂草。除草剂要选用选择性清除双子叶植物（阔叶杂草）的一类药剂，如使它隆（$C_7H_5O_3N_2FC_{12}$）等。除杂草宁早勿晚。

四、生产利用

适宜作割草地利用，第一茬刈割在孕穗或抽穗期进行，可获得最佳营养价值，留茬高 5cm，每年可刈割 1～2 次。在亚热带平原及低海拔丘陵地区，6 月前应停止割草，以利安全越夏；在北方寒冷地区，在 10 月之前停止刈割，以利越冬。也可与禾本科牧草如多花黑麦草、鸭茅、苇状羊茅等，或豆科牧草如白三叶、箭筈豌豆等混播建植多年生人工草地，1～2 年内即可形成优质人工草场。

可青饲、青贮或调制干草。在南方多雨地区，主要作为鲜草利用或青贮，牛、羊、鹿等反刍动物喜食，可直接采食，与精饲料混合饲喂效果更佳。猪、鸡、鸭、鹅可直接采食或与精饲料混合饲喂。青贮时要在刈割后将鲜草晾晒，使其含水量在 55％ 左右进行青贮。青贮时添加乳酸菌或酸化剂，有助于青贮成功。在北方干燥地区多调制成干草储藏。

川引鹅观草主要营养成分表（以干物质计）

收获期	水分（%）	CP（%）	EE（g/kg）	CF（%）	NDF（%）	ADF（%）	CA（%）	Ca（%）	P（%）
抽穗期	8.2	14.6	23.5	19.1	39.8	22.5	8.7	0.71	0.30

注：农业部全国草业产品质量监督检验测试中心测定。

CP：粗蛋白，EE：粗脂肪，CF：粗纤维 NDF：中性洗涤纤维，ADF：酸性洗涤纤维，CA：粗灰分，Ca：钙，P：磷。

32. 牧乐 3000 小黑麦

牧乐 3000 小黑麦（*Ttiticosecale Wittmack* 'Mule3000'）是克劳沃（北京）生态科技有限公司用小黑麦六倍体优良选系 WIN90 和小黑麦六倍体优良选系 WOH113 杂交选育而成的新品种。2018 年通过全国草品种审定委员会审定登记，登记号：553。牧乐 3000 小黑麦抗逆性强，适应性广，耐寒、抗旱、抗病、抗倒伏。丰产性好，产草量和产籽量都较高，年产干草可达 14t/hm²，种子产量可达 4.9t/hm²。适宜规模化饲草生产和冬闲田利用，是实现草田轮作的三元农业结构调整的理想品种。

一、品种介绍

禾本科小黑麦属一年生草本植物，六倍体冬性中晚熟品种。须根系，茎秆粗壮；株高 170～210cm；分蘖多，叶宽大，叶量丰富；穗状花序，穗长 12～15cm，呈纺锤形，每穗小穗数 20～30 个，小穗多花；颖果细长呈卵形，无芒；自花授粉，结实性强，每穗结实 40～45 粒，千粒重 39～41g。抗旱、抗寒、抗倒伏，耐土壤瘠薄，对水肥利用率高。可耐受 -30～-20℃ 的低温，在 2～13℃ 的较低温度下能快速生长，一般冬季能保持青绿。

综合抗病性强，对白粉病免疫，高抗叶锈、条锈、秆锈和病毒病；虫害少，整个生长期内不需要喷施农药，这样既降低了生产成本，又保护了环境。

生物产量高。株高达 1.7～2.1m，分蘖多，茎叶生长繁茂，叶量大，叶茎比高。抗倒伏，便于机械收割，鲜草产量可达 36～43t/hm²，干草产量 12～14t/hm²。再生性好，冬春季节可多次刈割，在冬春枯草期提供宝贵的优质青绿饲料。

营养品质好。在分蘖期，植株茎叶蛋白质含量高达 15.4%～17.8%，茎叶柔软，适口性好，为多种家畜所喜食。

二、适宜区域

牧乐 3000 小黑麦根系发达，入土深，分布广，抗旱性强，对土壤酸碱度要求不严格，适应性广，在我国北方和南方均可种植。

三、栽培技术

（一）选地

牧乐 3000 适应性强，对土地要求不严格，农田和坡地均可栽培。大面积种植时应选择较开阔平整的地块，以便于机械化作业。进行种子生产时要选择光照充足、灌溉设施完善的地块。

（二）整地

耕作整地可为小黑麦幼苗健壮生长、根部健全发育创造一个良好的环境条件，也是保证苗全、株壮、丰产的基础。

种植牧乐 3000 小黑麦前需犁深耙透（耕深达到 20～25cm），土碎墒好，结合翻耕，清除杂草，施足底肥（有机肥 15 000kg/hm² 或复合肥 375kg/hm²）。

（三）播种技术

1. 播种期

一般于 9 月下旬至 10 月上旬（秋分左右）播种，比冬小麦早播种 7～10 天，或 3 月底 4 月初春播用于收草。

2. 播种量

播种量 180～225kg/hm²，若 10 月中旬以后播种，每晚播一天，需增加播量 7.5kg/hm²。种子生产时播种量为 120～150kg/hm²。

3. 播种方式

采用条播，行距 20～30cm，播种深度 2～3cm。播后适当镇压，使种子与土壤充分接触，以利于出苗，壮苗。

（四）水肥管理

1. 灌溉

在小黑麦生长的水分敏感期，即分蘖、拔节、孕穗和灌浆时进行灌溉非常有利于小黑麦生长。此外，在小黑麦返青后需浇一次返青水，以利于春季分蘖生长。

2. 施肥

施有机肥，可显著提高产量（一般提高 50％以上），有机肥的用量约为 15t/hm²。适时追施复合肥，对提高产量和改善品质更有效，结合灌溉进行追施，氮、磷、钾复合肥比例以 5：3：3 为宜，用量 120～150kg/hm²。

（五）病虫杂草防治

牧乐 3000 小黑麦抗病虫性强，在整个生长季几乎不感病，容易栽培管理。蚜虫的危害会有发生，但是在日常田间管理中只要注意适时灌溉和施肥，就能减少危害，无需打药防治。杂草防治要尽早，在整地时进行彻底的杂草防除即可，一般用化学除草剂防除杂草。

四、生产利用

青饲。在我国北方，冬春季节，正是牲畜繁殖期，需要优质的青绿饲料。牧乐 3000 饲用小黑麦作为冬春饲料作物，很适合低温生长，整个冬季保持青绿，正好在枯草季节为家畜提供能量和蛋白质含量高、维生素丰富的青绿饲料，既防治了家畜的维生素缺乏症，又促进了牛、羊等家畜的健康生长，提高成年家畜的繁殖力和幼犊、幼羔的成活率。

（一）青贮饲料

在抽穗扬花后 7～10 天收获，当植株含水量降到70％～75％时切成 5～10cm 草段，压入窖内青贮，40 天后即开窖饲喂家畜。奶牛饲喂试验结果表明，饲喂青贮小黑麦的组群，奶牛可多产奶 1kg/（天·头），牛奶的乳脂率提高 0.1％，奶糖提高 0.08％，水分下降 1％，达到特级奶标准。

（二）晒制干草

乳熟期一次性刈割，晒制成高质量的优质干草，蛋白质含量达到 10％以上，用其饲喂牛、羊增重快，产奶量高，奶品质好。

（三）收获籽粒粮用或制作配合饲料

小黑麦兼有粮食和饲草的双重功能，可根据市场需求收获籽粒或收草，收获的籽粒可加工成保健食品等，应对瞬息万变的市场，有效降低生产风险。

（四）生态环境治理

北方冬春季节，干燥寒冷风沙大，因此裸地扬尘现象非常严重。牧乐 3000 小黑麦正好能利用冬闲田，在整个冬春季很好地覆盖地表，可有效地防止扬尘的出现。

牧乐 3000 小黑麦主要营养成分表（以干物质计）

收获期	水分（％）	CP（％）	EE（g/kg）	CF（％）	NDF（％）	ADF（％）	CA（％）	Ca（％）	P（％）
乳熟期	7.3	5.1	16.3	26.6	54.2	33.6	5.8	0.25	0.11

注：农业部全国草业产品质量监督检验测试中心测定。

CP：粗蛋白，EE：粗脂肪，CF：粗纤维 NDF：中性洗涤纤维，ADF：酸性洗涤纤维，CA：粗灰分，Ca：钙，P：磷。

牧乐 3000 小黑麦叶片

牧乐 3000 小黑麦花序

牧乐 3000 小黑麦穗　　　　牧乐 3000 小黑麦种子

牧乐 3000 小黑麦群体

33. 冀饲3号小黑麦

冀饲 3 号小黑麦（*Triticale Wittmack* 'Jisi No. 3'）是河北省农林科学院旱作农业研究所以饲用小黑麦 WOH939 为母本，以饲用小黑麦 NTH1 888 为父本，采用常规育种方法培育而成的新品种。2018 年通过全国草品种审定委员会审定登记，登记号：552。该品种丰产性显著，经多年多点比较试验证明，冀饲 3 号小黑麦平均干草产量为 13 943.6kg/hm^2，最高年份干草产量为20 789.4kg/hm^2。

一、品种介绍

该品种为禾本科小黑麦属，一年生越冬性草本，六倍体。株高 167cm 左右，须根系，茎秆较粗壮，叶宽大，叶量丰富，茎叶颜色略显灰绿。复穗状花序，小穗多花，护颖绿色，花药黄色，结实性强。穗长纺锤形，长芒，粒棕色，长卵形，腹沟明显，千粒重 45.21g。

该品种对土壤条件要求不高。抗旱能力强，抗倒性强，抗三锈病，对白粉病免疫。孕穗期之前刈割可再生。河北省中南部适宜刈割期（盛花期后一周）在 5 月中旬，籽实成熟期在 6 月中旬。生育期 230～250 天。

二、适宜区域

适宜在黄淮海地区种植，作青饲、青贮或晒制干草均可。

三、栽培技术

（一）选地

该品种适应性较强，对生产地要求不严，秋冬闲田、旱薄、闲散、荒地以及低龄林地、果园或行距较大的成龄果园均可间作种植。

（二）整地

需精细整地，应达到地面平整。播前墒情要求，0～20cm 土壤含水量：黏土 20％为宜，壤土 18％为宜，沙土 15％为宜。结合整地施足基肥，一般亩施复合肥 25kg。

（三）播种技术

1. 种子处理

地下虫害易发区可使用药剂拌种或种子包衣进行防治，采用甲基辛硫磷拌种防治蛴螬、蝼蛄等地下害虫。

2. 播种期

与当地冬小麦播种期基本一致。

3. 播种量

一般播种量为 150kg/hm²，自 10 月 15 日始播期每延后一天，播量增加 7.5kg/hm²。以收获种子为目的，应稀播，播量为 45～75kg/hm²。

4. 播种方式

以条播为主，播种深度控制在 3～4cm，行距 18～20cm。一般采用小麦播种机播种，播后及时镇压。

(四) 水肥管理

春季返青期至拔节期之间需灌水 1 次，3 月底至 4 月初进行，最晚须在清明节前完成，灌水量一般 450～675m³/hm²。结合灌溉进行追肥，一般追施尿素 225kg/hm²。

(五) 病虫杂草防控

一般无病害发生。根据虫害发生情况，及时进行虫害防治。蚜虫一般在抽穗期发生危害，一般情况无需防治。特别严重发生时，防治优先选用植物源农药，可使用 0.3% 的印楝素 90～150ml/hm²；或 10% 的吡虫啉 300～450g/hm²。在刈割前 15 天内不得使用农药。

四、生产利用

冀饲 3 号小黑麦是适宜黄淮海平原区秋冬闲田种植的优质禾本科饲草。该品种具有较高的饲草产量和营养价值，作鲜草、青贮、干草均可，牛、羊、兔、猪、鱼、鹅均喜食。可根据利用目的确定适宜刈割期，青饲可在植株拔节后期或株高达 30cm 左右时刈割，可刈割 2 次。青贮、调制干草时，在乳熟期一次性刈割。

冀饲 3 号小黑麦主要营养成分表（以干物质计）

收获期	水分 （%）	CP （%）	EE （g/kg）	CF （%）	NDF （%）	ADF （%）	CA （%）	Ca （%）	P （%）
乳熟期	8.8	9.0	19.9	24.2	49.4	27.7	4.1	0.34	0.15

注：农业部全国草业产品质量监督检验测试中心测定。

CP：粗蛋白，EE：粗脂肪，CF：粗纤维，NDF：中性洗涤纤维，ADF：酸性洗涤纤维，CA：粗灰分，Ca：钙，P：磷。

冀饲 3 号小黑麦单株　　　　　冀饲 3 号小黑麦群体

34. 甘农 2 号小黑麦

甘农 2 号小黑麦（*Triticale Wittmack* 'Gannong No. 2'）是甘肃农业大学以引自澳大利亚悉尼大学的六倍体小黑麦品种 DH265 为母本、AT315 为父本，利用常规有性杂交育种技术和系谱法选育的小黑麦新品种。2018 年通过全国草品种审定委员会审定登记，登记号：554。该品种高产优质多抗。多年多点区域试验表明，甘农 2 号小黑麦的干草产量 11t/hm²，干物质消化率 74%，粗蛋白含量 10.7%～11.79%，抗寒、抗旱性强，抗锈病。

一、品种介绍

禾本科小黑麦属一年生草本植物，六倍体小黑麦品种。须根发达，入土较浅。分蘖力强，达 5～15 个。茎秆粗壮直立，株高 110～150cm。叶片狭长形，长 25.2cm，宽 1.5cm。穗状花序顶生，穗长 11～13cm，小穗数 85～95 个，互生，每小穗含 3～5 朵小花。穗粒数 65～81 个，穗粒重 2.50～3.66g。护颖狭长，外颖脊上有纤毛，先端有芒。颖果细长呈卵形，基部钝，先端尖，腹沟浅，红褐色，千粒重 41.12～45.21g。自花授粉，繁殖系数高，种子产量 8.26t/hm²。

甘农 2 号小黑麦抗寒性强。甘肃省合作市和肃南县海拔 3 000m 的区域、西藏自治区海拔 3 650m 的区域秋季播种后能够安全越冬，且草产量高于春播；甘肃省临洮县海拔 1 982m 的区域其茎秆以青绿色越冬。种子发芽最低温为 —4～8℃，12～15℃时 4～5d 即可发芽出苗，幼苗可耐 5～6℃低温。

甘农 2 号小黑麦由于茎秆粗壮，抗倒伏性较强。在云南省寻甸县、四川省红原县和道孚县等降雨量较大地区株高达到 150cm 时不倒伏。

甘农 2 号小黑麦抗病性强。甘肃省农业科学院植物保护研究所的抗病性鉴定结果表明，甘农 2 号小黑麦苗期对条锈菌混合菌轻度感染，成株期对条中 32 号、34 号及混合菌均表现免疫，该品种总体为成株期抗病品种。田间观测表明，该品种在云南省寻甸县、甘肃省合作市、四川省红原县和道孚县等锈病高发区抗条锈。除此之外，甘农 2 号小黑麦抗白粉病和黄矮病等病害。

甘农 2 号小黑麦抗旱性较强。2015 年在甘肃省夏河生长发育期间，整个生长季无降雨，株高达 80cm，草产量达 3 520kg/hm^2。

二、适宜区域

甘农 2 号小黑麦适宜于海拔 1 200～4 000m、年均温 1.1～11.0℃、降水量 350～1 430mm 的青藏高原高寒牧区、云贵高原及西北干旱半干旱雨养农业区和灌区种植。海拔低于 2 000m 的地区适宜于种子生产，以繁殖种子，作为家畜精饲料，或为高寒牧区生产种子。海拔为 2 000～3 635m 的区域适宜于干草生产，为家畜提供高产优质饲草。

三、栽培技术

（一）选地

该品种适应性较强，对土地要求不严，耕地和荒坡地均可种植。大面积种植时，应选择地势开阔、土地平整、土层深厚、杂草较少、病虫鼠雀等危害轻，相对集中连片的地块，以便于机械化作业。

（二）整地

种植前需要对土地进行基本耕作和表土耕作，以使土地平整。播种前施有机肥 30～45t/hm²，或氮肥 100kg/hm²、180kg P_2O_5/hm²。

（三）播种技术

1. 种子处理

甘农 2 号小黑麦种子携带的病菌较少，一般不需要对种子进行处理。

2. 播种期

海拔大于 3 000m 的区域适宜春播，4 月下旬至 5 月上旬播种。海拔低于 3 000m 的区域适宜秋播，9 月中旬播种。

3. 播种量

干草生产田的播种量为 300～375kg/hm²，种子生产田的播种量为 225～300kg/hm²。

4. 播种方式

条播或撒播。条播行距 20cm，播种深度 3～4cm。也可撒播，撒播后旋耕，旋耕深度 5～10cm。

(四) 水肥管理

秋播时，翌年返青期和拔节期分别追施氮肥 100kg/hm²。春播时，出苗期和拔节期分别追施氮肥 100kg/hm²。施肥后及时灌水（如果有灌溉条件）或在下雨前施肥，以防烧苗。种子生产田返青（出苗）期和拔节期分别追施氮肥 50kg/hm²。

(五) 病虫杂草防控

甘农 2 号小黑麦抗锈病、黄矮病和白粉病，生长发育期间不需要喷施农药。

甘农 2 号小黑麦偶有蚜虫危害，不需防治，或叶面喷施草木灰。按 1：5，将草木灰浸泡在水中 24h，过滤，每隔 7～8 天喷施 1 次，连续喷 3 次。

秋播田杂草危害较轻，不需要喷施除草剂。春播田杂草危害较重，苗期待杂草长出后，用 72％2,4-滴丁酯乳油防除，750ml/hm²，兑水 300kg/hm²，叶面喷施。

四、生产利用

甘农 2 号小黑麦高产优质，开花期粗蛋白含量 11.48％，干物质消化率 74％，相对饲喂价值 109。可青饲、调制青干草和青贮饲料。青饲时抽穗期刈割；调制青干草时开花期—灌浆期刈割，田间晾晒 2～3 天，待饲草含水量降至 15%～20%时打捆，贮存备用；调制青贮饲料时蜡熟期刈割，裹包青贮或窖贮。

甘农 2 号小黑麦主要营养成分表（以干物质计）

收获期	水分（%）	CP（%）	EE（g/kg）	CF（%）	NDF（%）	ADF（%）	CA（%）	Ca（%）	P（%）
乳熟期	6.7	10.7	13.1	30.7	57.8	34.0	6.0	0.33	0.17

注：农业部全国草业产品质量监督检验测试中心测定。

CP：粗蛋白，EE：粗脂肪，CF：粗纤维，NDF：中性洗涤纤维，ADF：酸性洗涤纤维，CA：粗灰分，Ca：钙，P：磷。

甘农 2 号小黑麦单株

甘农 2 号小黑麦茎叶

甘农 2 号小黑麦花序

甘农 2 号小黑麦根部

甘农 2 号小黑麦种子　　　　甘农 2 号小黑麦群体

35. 劳发羊茅黑麦草

劳发羊茅黑麦草（*Festulolium.* 'Lofa'）是由四川农业大学 2005 年从丹麦丹农种子股份公司（DLF）引入我国，2017 年通过全国草品种审定委员会审定登记，登记号：525。该品种为短期多年生草本，气候适宜地区可利用 3～5 年。国家区域试验结果表明，劳发羊茅各区试点年均干草产量 8～13t/hm²，总平均产量为 10 655kg/hm²，较对照品种显著增产 11.90%。

一、品种介绍

劳发羊茅黑麦草为须根系牧草，株高 90～110cm，叶量大，分蘖数多，叶片深绿有光泽，长 10～18cm。叶片柔软，粗脂肪含量高于常见品种。穗状花序，长 20～30cm，每小穗含小花 7～11 朵。种子长 4～7mm，外稃有短芒，千粒重 2.8～3.0g。

劳发羊茅黑麦草属多年生冷季型牧草，喜温凉湿润气候，耐寒耐热，25℃以下为适宜生长温度，35℃以上生长不良，不耐酷暑，不耐荫。适合年降水量 800～1 500mm，亚热带海拔 600～1 800m 的温凉湿润地区种植。适合多种土壤，略耐酸，适宜土壤 pH 6～7，对水分和氮肥反应敏感。劳发羊茅黑麦草能耐受高强度利用；粗脂肪含量高，适口性好；耐寒性强，春季返青早，头茬产量高。生育期 300 天

（秋播），每年可割草 3～5 次，再生快。

二、适宜区域

适宜我国西南亚热带地区，海拔 600～1 800m，降水 800～1 500mm 的温凉湿润山区及华北冬季气候温和湿润地区种植。

三、栽培技术

（一）选整地

适合多种土壤，播前精细整地，除掉杂草，贫瘠土壤施用底肥可显著增产。

（二）播种

春播或秋播，条播行距 20～30cm，播种深度 1～2cm，播种量为 15～22kg/hm^2。

（三）田间管理

在苗期要结合中耕松土及时除尽杂草；每 2～3 次刈割或放牧后可施尿素 50～100kg/hm^2；分蘖、拔节、孕穗期或冬春干旱时，要适当补浇水。

四、生产利用

孕穗至抽穗期刈割，留茬高度 5cm 左右为宜。

35. 劳发羊茅黑麦草

劳发羊茅黑麦草主要营养成分表（以风干物计）

收获期	水分 （%）	CP （%）	EE （g/kg）	CF （%）	NDF （%）	ADF （%）	CA （%）	Ca （%）	P （%）
抽穗期	9.6	20.2	26.1	22.6	44.1	25.5	11.2	0.40	0.27

注：农业部全国草业产品质量监督检验测试中心测定。

CP：粗蛋白，EE：粗脂肪，CF：粗纤维，NDF：中性洗涤纤维，ADF：酸性洗涤纤维，CA：粗灰分，Ca：钙，P：磷。

劳发羊茅黑麦草单株

劳发羊茅黑麦草群体

劳发羊茅黑麦草品比试验

劳发羊茅黑麦草生产田

36. 川西猫尾草

川西猫尾草（*Phieum pratense* L. 'Chuanxi'）是利用本地优质野生牧草资源，采用1次穗选和连续3次单株混合法选育出的新品种。该品种由四川省草原工作总站和甘孜州草原工作站联合申请品种审定登记，登记号：533。该品种早熟，适应性强（抗寒性），青草期长，产量高。经多年多点比较试验证明，川西猫尾草较对照品种平均增产2%～18%，平均干草产量8 501kg/hm²，最高年份干草产量10 128kg/hm²。叶量较丰富、饲草品质好，适应川西北高寒牧区栽培利用，是退牧还草、人工草地建植、天然草地改良的优良草种之一。

一、品种介绍

禾本科梯目草属多年生草本。须根系，秆直立，光滑无毛，具5～9节，高80～160cm。叶片长条形，叶鞘较长；叶舌膜质，圆锥花序，淡绿色。小穗簇生，近矩形，排列紧密，每个小穗含1朵小花。颖近披针形，边缘有茸毛，前端尖锐为短芒；内稃薄膜质。每小花含雄蕊3～5个，少的有2～4个；二歧花药紫色；每小花含羽状雌蕊1个，对生，白色或稍棕色，含子房1个。颖果圆球形，表面光滑，细小。种子千粒重为0.25～0.6g。

川西猫尾草喜冷凉湿润气候，在降水量 500mm 以上的地区生长良好。抗寒较强，极端最低气温达-25.6℃的环境中能正常生活。春季气温高于 5℃时开始返青。在海拔 3 500m 的甘孜州乾宁种畜场牧草试验地栽培，每年 3 月底 4 月初返青，9 月种子成熟，10 月下旬枯黄；生育天数 170 天左右，生长天数 200 天左右。较耐淹浸，不耐干旱。喜中性、弱酸性土壤，以 pH 5.3～7.7 为最适宜。

二、适宜区域

适应在海拔 1 500～3 500m，年平均气温 5～7℃，≥10℃ 的年积温 2 000℃的冷凉湿润气候区，年降水量≥500mm 的地区种植。低洼内涝或土壤过湿均不利于生长。

三、栽培技术

(一)选地

选择地势开阔平坦，土层厚度 20cm 以上，土壤有机质含量高，肥力中等，排灌方便，不易积水内涝，田间杂草较少的地块。

(二)整地

土地翻耕前，采用机械清除、人工拔除或铲除，也可用药物清除（除草剂）地面毒杂草等杂物。最好在秋季深翻一遍，深度达 20～25cm。翌年杂草返青后于晴朗天气喷洒除草剂，当所有植株枯黄死亡，用重耙纵横交错地把土地耙细。根据土壤本底情况，结合土地翻耕施足底肥，施腐熟牛羊粪 18 000～22 500kg/hm² 或复合肥（N-P-K：15％-15％-15％）150～225kg/hm² 作基肥，然后用旋耕机把土壤整平、整细。除杂、除虫等选择低毒高效农药。

（三）播种技术

1. 种子处理

选择经法定种子检验机构检验合格的种子，种子质量要求在三级以上。播前适当晒种。

2. 播种期

春播或秋播。在早春解冻后播种，最适播种时间为 4 月中旬至 5 月中旬。秋播应在初霜前 45 天进行。

3. 播种量

条播播种量为 7.5～15kg/hm²，撒播播种量为 15～22.5kg/hm²，天然草地改良播种量可根据实际补播改良要求适当增减。

4. 播种方式

人工草地可采用撒播或条播，以条播为宜，条播行距 30～45cm，播深 1～2cm，播后及时覆土，适当镇压。

天然草地改良以撒播为宜，机械免耕补播的行距可根据实际需要进行调节，也可参照人工草地播种行距。

（四）水肥管理

播种当年应禁牧。人工草地根据生长情况，适时除杂，根据墒情及生长情况进行灌溉。人工草地可在翌年春季结合松土追施复合肥（N-P-K：15％-15％-15％）600kg/hm²，刈割一周左右后，结合降雨追施尿素（含 N 量 46%）150～225kg/hm²。

（五）病虫杂草防控

苗期生长缓慢，要及时清除杂草。混播草地及时清除有毒有害杂草，单播草地可通过人工或化学方法清除杂草。猫尾草易遭黏虫、玉米螟等虫害，及早发现，并喷施 2.5% 的天达高效氯氟氰菊酯 2 000～2 500 倍，或用 20% 天达虫酰肼悬浮剂 1 000～2 000 倍液，或用 25% 天达灭幼脲 1 500～2 000 倍液防治。

注意防鼠灭鼠，特别是在抽穗至开花期，防治地下鼠咬断根茎，造成缺苗。

四、生产利用

青饲以孕穗—初穗期刈割为宜；调制干草和青贮以开花期—乳熟期刈割为宜，留茬高度 3～5cm。根据川西猫尾草生长情况年可刈割 1～2 次，应在秋季霜前进行最后一次刈割。采用晒干或风干法制作干草，水分含量降至 14% 以下，适于堆放和打捆。人工草地可利用再生草适度放牧，天然草地根据改良具体情况适度放牧。猫尾草具有长纤维，是赛马的最佳饲草。

川西猫尾草主要营养成分表（以风干物计）

收获期	CP（%）	EE（g/kg）	CF（%）	NDF（%）	ADF（%）	CA（%）	Ca（%）	P（%）
初花期	3.8	13.6	25.5	52.9	30.0	3.4	0.03	0.07

注：农业部全国草业产品质量监督检验测试中心测定。

CP：粗蛋白，EE：粗脂肪，CF：粗纤维，NDF：中性洗涤纤维，ADF：酸性洗涤纤维，CA：粗灰分，Ca：钙，P：磷。

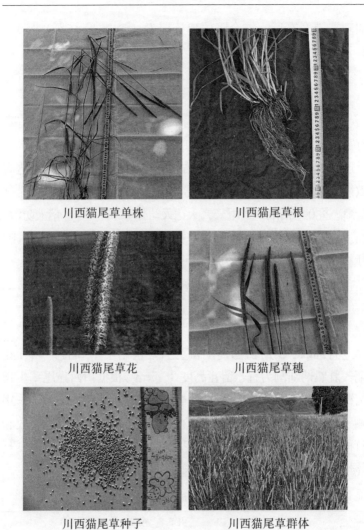

川西猫尾草单株　　　　　川西猫尾草根

川西猫尾草花　　　　　川西猫尾草穗

川西猫尾草种子　　　　　川西猫尾草群体

37. 特沃苇状羊茅

特沃苇状羊茅（*Festuca arundinacea* Schreb. 'Tower'）原产于法国，1982 年开始选育，亲本是收集自法国的生态型材料，2009 年由丹麦丹农种子股份公司（DLF-Seeds A/S）和四川农业大学联合引入。2011 年 11 月获得欧盟品种保护（UPOV），官方编号 CTPS1 018 587。2018 年通过中国全国草品种审定委员会审定登记，登记号：549。国家区域试验结果表明，特沃苇状羊茅品质与产量优势明显，粗蛋白含量达到 18.7%，较对照品种（12.7%），高出 6 个百分点，增幅达 47.2%，年平均增产幅度为 15.82%。

一、品种介绍

特沃苇状羊茅为多年生疏丛禾草，半直立生长，株高 60～120cm。叶量大且柔软，叶片长 20～40cm，中脉不明显，叶片正面密布纵纹。圆锥花序稍开展，长 10～15cm，每小穗含小花 4～5 朵。种子长 6～7mm，千粒重 2.55g。

特沃苇状羊茅是六倍体中晚熟型品种，异花授粉，须根系。具有产量高，抗病和耐寒能力强，抗倒伏，持久性好，炎热干旱条件下生长量也很高，可通过提高春季和夏季产量来平衡混播草地产草量的季节分布。还具有抗旱，耐寒返青

早，抗病，适应性好和混播融合性好等特点。全生育期 300
天左右（秋播）。建植快，根深且发达，平均分蘖 40～60
个，每年可割草 3～5 次，再生快，可利用 3～5 年或更长。

特沃苇状羊茅属冷季型牧草，耐热、抗寒和耐旱能力都
较强，夏季高温季节，其他多数牧草生长受抑制时仍能生
长，且具有较好的耐湿、耐酸和耐盐碱能力，土壤 pH
4.7～9.5 能生长，最适合肥沃、潮湿、较黏重的土壤。

二、适宜区域

适合西南区年降水量 450mm 以上，海拔 600～2 600m
的地区种植。

三、栽培技术

（一）选整地

由于种子较小，播前需精细整地，并除掉杂草，贫瘠土
壤施用底肥可显著增产。

（二）播种

可春播或秋播，依据当地气温以 9—11 月为宜；条播行
距 15～30cm，播种深度 1～2cm，播种量为 15～30kg/hm²，
与三叶草等豆科牧草混播时，可撒播，播量酌减 30％左右。

（三）田间管理

在苗期要结合中耕松土及时除尽杂草；每 2～3 次刈割

或放牧后可施尿素 $50\sim100kg/hm^2$；分蘖、拔节、孕穗期或冬春干旱时，有条件的地方要适当沟灌补水。

四、生产利用

营养含量很高，割草时间可选择抽穗前到初花期，留茬高度 5cm 左右，放牧须控制强度，以维持草地持久性。

特沃苇状羊茅主要营养成分表（以风干物计）

收获期	水分（%）	CP（%）	EE（g/kg）	CF（%）	NDF（%）	ADF（%）	CA（%）	Ca（%）	P（%）
抽穗期	8.2	18.7	38.3	26.6	56.5	30.6	6.3	0.65	0.36

注：农业部全国草业产品质量监督检验测试中心测定。

CP：粗蛋白，EE：粗脂肪，CF：粗纤维，NDF：中性洗涤纤维，ADF：酸性洗涤纤维，CA：粗灰分，Ca：钙，P：磷。

特沃苇状羊茅单株

特沃苇状羊茅花序

特沃苇状羊茅群体

38. 白音希勒根茎冰草

白音希勒根茎冰草（*Agropyron michnoi* Roshev. 'Baiyinxile'）是从内蒙古锡林郭勒盟白音希勒牧场天然草地采集野生根茎冰草种子，以性状整齐、植株高大、根茎发达为选育目标，经过多代选择而成。由内蒙古农业大学和内蒙古锡林郭勒盟正蓝旗草籽繁殖场联合申请，于 2018 年通过全国草品种审定委员会审定登记，登记号：547。该品种为多年生根茎型或根茎—疏丛型草本，地下根茎发达，无性繁殖能力强，第二年开始逐渐形成密集草群。

一、品种介绍

禾本科冰草属多年生草本，须根系发达，具沙套和根状茎；茎秆粗壮，直立高大，株高可达 96～115cm。茎叶灰绿色，表面有毛，茎粗 0.3mm。叶片扁平，表面有茸毛，叶片长 15～28cm，宽 0.5～1.1cm，茎生叶数 3～4 个。穗状花序宽大，长 4.5～10.8cm，宽 0.7～2.7cm，有小穗 41～54 个，整齐排列于穗轴两侧，小穗含小花 5～9 朵，小穗和小花均被毛。种子为稃包颖果类型，呈锥状披针形，外稃具短茸毛，颗粒较大，千粒重 3g。

二、适宜区域

根茎发达，抗逆性强，地被性及耐牧性优良，适于内蒙古中东部及东北地区人工草地及植被工程建植利用。

三、栽培技术

(一) 选地

适应性强，对土壤要求不严格。大面积种植时应该选择开阔平坦的地块，以便于机械作业。

(二) 整地

种子细小，播种前需要精细整地。翻耕深度20cm，耙平耱实，制作地平土碎、上虚下实的播种床。天然草场补播时，可使用免耕播种机进行一次性耕播作业。

(三) 播种技术

1. 适播期

以春季4月上旬至5月中旬或夏秋8月上旬至9月上旬播种为宜，也可进行冻前寄籽播种。夏季6、7月气候干燥炎热时，或阴雨连绵时，不宜播种。

2. 播种量

种子质量应达到国家质量标准GB 6142—85规定的三级以上的要求。新收种子，适宜播种量为45kg/hm²；天然草场补播量可减半。

3. 播种方式

建植人工草地以机播行距 40cm，播种深度 2cm 为宜。

（四）水肥管理

耐粗放管理。播前灌水打足底墒，可抢雨追施氮肥。年降水量 400mm 以上地区的成熟草地，正常年份可免人工灌水。

（五）病虫杂草防控

该品种极少发生病虫危害，但苗期应注意防除杂草。

四、生产利用

播种当年视长势适当刈割利用。两年后，每年抽穗期可刈割 1 次，留茬高度 3cm。成熟草地一年四季可供家畜适当放牧采食。

白音希勒根茎冰草主要营养成分表（以风干物计）

收获期	水分 （%）	CP （%）	EE （g/kg）	CF （%）	NDF （%）	ADF （%）	CA （%）	Ca （%）	P （%）
抽穗期	7.5	13.0	32.7	28.4	61.8	33.6	6.1	0.3	0.14

注：农业部全国草业产品质量监督检验测试中心测定。

CP：粗蛋白，EE：粗脂肪，CF：粗纤维，NDF：中性洗涤纤维，ADF：酸性洗涤纤维，CA：粗灰分，Ca：钙，P：磷。

白音希勒根茎冰草单株　　白音希勒根茎冰草品比试验

白音希勒根茎冰草生产试验

39. 蜀草1号高粱—苏丹草杂交种

蜀草 1 号高粱—苏丹草杂交种（Sorghum bicolor × S. sudanense（F1）cv. 'Shucao No. 1'）是四川省农业科学院土壤肥料研究所和水稻高粱研究所，以高粱不育系（72A）和苏丹草（S1）杂交，以产草量高、生长速度快、粗蛋白高、粗纤维低为主要目标选育而成的新品种。2018年通过全国草品种审定委员会审定登记，登记号：551。该品种植株高大，茎秆粗壮且较直立；抗旱，抗倒伏能力强。蜀草 1 号鲜草产量达 156 098kg/hm²，干草产量达 17 983kg/hm²，粗蛋白含量为 11.10%，粗纤维含量为 27.4%，且酸性洗涤木质素含量仅为 2.0%。该品种具有优质高产，适宜在我国长江流域推广利用。

一、品种介绍

禾本科高粱属一年生草本植物。在四川地区生育期 127 天，芽鞘、幼苗绿色，叶量丰富，叶片宽大，茎秆较粗壮，多汁，株型紧凑，可多次刈割，再生能力强，分蘖性强，拔节前期生长较慢，刈割太早不利于产量优势发挥，抽穗初期或株高 150cm 左右时刈割，产量、品质达最佳状态。该杂交种成熟时，株高 3.25m，纺锤形穗，中散型穗型，穗长

29cm。属于异花授粉植物，种子为白色，种子产量为 2 925kg/hm²，千粒重 25.83～26.64g。

在南方地区春夏播均可。春播条件下，抽穗初期或株高 150cm 左右时刈割，全年可刈割 4～5 次，一般亩产鲜草 8 000～11 000kg。与黑麦草轮作，夏播（6 月上旬左右），株高 200cm 左右时刈割，可刈割 2 次。每茬鲜草亩产量达 3 500kg。全株粗蛋白含量 10% 以上，氢氰酸含量小于 20mg/kg，适口性好，适宜青饲或青贮。抗旱、耐热，抗叶锈病、抗倒伏能力强。在四川地区生育期 127 天。

二、适宜区域

蜀草 1 号高粱—苏丹草杂交种适宜在我国长江流域种植。

三、栽培技术

(一) 选地

选择地势平坦、耕层深厚、土质肥沃、土壤肥力中等以上、保水保肥性能好、有灌溉条件的地块。

(二) 整地

整地要细平，并清除所有杂草；翻耕深度为 25～30cm，耕后耙平，在播种前一般需要进行一些处理，要求土块细碎，施入优质腐熟农家肥 22.5～30t/hm² 或复合肥 450～600kg/hm²，结合耕地翻入土中。

（三）播种技术

1. 种子处理

选择籽粒饱满，千粒重 26g 左右的种子，发芽率 85% 以上。

2. 播种期

播种量为 22.5～30kg/hm²。与豆科牧草（紫云英、光叶紫花苕等）混播，高丹草与豆科牧草比例为 1∶2 或 1∶3。

3. 播种方法

一般采用条播、撒播或者点播，条播行距 30cm，点播穴距 25cm，播深 3～4cm；覆土深度 1～2cm，土壤湿润者也可不覆土。

（四）田间管理

苗期生长缓慢，应及时中耕杂草；拔节期一次追施尿素 75kg/hm² 作为提苗肥，每次刈割利用后施尿素 75kg/hm²。在特别干旱的地区，有灌溉条件的地方应适时适量地灌溉。每次灌溉定额为 2 250～2 700m³/hm²，一般在苗期和拔节期进行。

（五）病虫害防治

一般无病虫害，但在干旱少雨、气温较高的地区，早春注意防条螟，可用 50% 倍硫磷乳油，稀释 500～800 倍，喷施叶面；防锈病，可用 80% 代森锌，稀释 400～600 倍，喷施叶面。

四、生产利用

高丹草营养价值高，适口性很好，消化率高，饲喂效果佳。在四川主要为鲜饲。一般株高 1.50m 或孕穗期刈割，留茬 8～12cm。30 天左右刈割一次，下次刈割留茬比上次高 1～2cm。饲草适宜饲喂牛、羊、马等草食家畜，以及草鱼、鳊鱼等草食鱼类。

（一）青饲

蜀草 1 号高粱苏丹草杂交种以刈割鲜饲为主，以获得最大牧草产量；鲜饲宜在盛花期刈割，一般采用人工方法收割。

（二）青贮

蜀草 1 号高粱苏丹草杂交种青贮，可解决牧草供求上出现的季节不平衡或地域不平衡问题，同时也可解决盛产期雨季不宜调制干草的困难。青贮在孕穗至抽穗期刈割，与豆科饲草混合青贮；也可在天气晴朗初花期刈割后，晾晒于田间，含水量降到 55％左右时，进行半干青贮。发酵良好的青贮具有浓厚的醇甜水果香味，是最佳的冬季饲料。

（三）混合青贮

调制干草：蜀草 1 号高粱—苏丹草杂交种在抽穗期至开花期刈割，可采用日晒为主要手段调制干草，晾晒至鲜草水分含量在 18％以下时，收回堆垛，作为青干草备用。或以烘干为主要手段，人为控制调制环境，烘干干草质量高，养分损失少。

蜀草 1 号高粱苏丹草杂交种主要营养成分表（以干物质计）

收获期	水分 （%）	CP （%）	EE （g/kg）	CF （%）	NDF （%）	ADF （%）	CA （%）	Ca （%）	P （%）	ADL （%）
营养生长期	9.10	11.10	22.90	27.40	55.60	32.00	7.60	0.55	0.18	2.00

注：农业部全国草业产品质量监督检测测试中心测定。

CP：粗蛋白，EE：粗脂肪，CF：粗纤维，NDF：中性洗涤纤维，ADF：酸性洗涤纤维，CA：粗灰分，Ca：钙，P：磷，ADL：酸性洗涤木质素。

蜀草 1 号高粱苏丹草　　　蜀草 1 号高粱苏丹草
杂交种群体 1　　　　　　杂交种群体 2

40. 陇中黄花补血草

陇中黄花补血草（*Limoniumaureum*（L.）Hill'Long-zhong'）是在西北半干旱地区收集的野生黄花补血草种质，以观赏性好、抗逆性强为主要目标，经过数年栽培驯化选育出的野生栽培品种。由中国农业科学院兰州畜牧与兽药研究所申请，于2018年通过全国草品种审定委员会审定登记，登记号：559。该品种具有花色艳丽，花期长，观赏性能好，抗性强和管理成本低的特点，适宜北方干旱、半干旱地区以及西部荒漠、戈壁生态条件种植。

一、品种介绍

白花丹科补血草属多年生草本植物。全株株高30～60cm，冠幅40～55cm，全株除萼外均无毛；叶基生，灰绿色，在花期逐渐脱落，矩圆状匙形至倒披针形，长8.5～10cm，宽1.5～3cm，先端圆或钝，有时急尖，下部渐狭成平扁的柄；花序为聚伞花序，生于分枝顶端，组成伞房状，花萼漏斗状，膜质，长5～8mm，金黄色；聚伞花序位于上部分枝顶端，由3～7个小穗组成，小穗含2～5个小花，花瓣金黄色，基部合生，雄蕊着生于花瓣基部；种子千粒重0.476g，蒴果倒卵形或矩圆形，具5棱，包藏于花萼内。

该品种成丛性好，花序密度大，一般在3月返青，5—8月为花期，9月种子开始成熟，10—11月株体逐渐开始枯黄，绿色期在240天左右，花期为140～160天。在深秋枯黄季节，因其花萼宿存于株体，酷似盛开的鲜花。耐盐碱、耐贫瘠、耐干旱，在年降水量300mm以上的地区不需浇水，可正常生长，在气温－36℃以内可安全越冬。对土壤的要求不严，喜生于轻度盐化，pH 7.5～9.0的砂砾质土、盐化草甸土和山地栗钙土上，在含盐量4‰以内可正常生长开花。其根系为轴根型，根系较浅，分蘖点位于根茎顶端，处于土表之下，再生性强，是一种耐盐性很强的旱生泌盐植物。主要采用播种繁殖，成苗后可当年开花结种。夏秋为最佳观赏时期，花期长，花色艳丽，花朵繁茂潇洒，花团锦簇。

二、适宜区域

适于我国西北干旱、半干旱地区以及干旱荒漠区，尤其适合荒漠、戈壁等极干旱地区。

三、栽培技术

（一）整地

该品种对土壤肥力要求不严，比较贫瘠的砾石土、沙土都可生长。应选择沙土或沙壤土为主的播种地，土壤中性或偏碱性，含盐量稍重有利于植株的生长发育。壤土或黏土播种时最好混合一些沙土或细沙为宜。由于种子较小，顶土能力较差,因此,人工种植首先要进行深耕处理。由于苗期生长极其缓慢,易受杂草侵蚀,在播前要进行杂草根除和精细整地。

(二) 播种技术

1. 播种时间

该品种对播种时间要求不严,可春播、夏播和秋播。在兰州地区 4—10 月均可播种。正常条件下 10 天左右发芽出苗,春季播种可以当年开花结实,秋季播种的至立冬时能长出 5～15 片叶,不抽薹或有个别抽薹不开花,11 月底叶片逐渐干枯,根系休眠越冬,第二年 3 月返青。春播前需平整土地,灌足水分,春播不宜过早,过早土壤不易保持一定的温度,种子不易发芽。在甘肃兰州地区 4 月中旬播种,5 月初即可出苗。夏播时由于气温高,土壤水分蒸发量大,需要不断补充水分,否则播后出苗率不高。秋播后在秋季土壤冻结前,要整地灌水,秋播后出苗不是太整齐,翌年开春后还有出苗,且生长较快。

2. 播种量及播种方法

条播,每亩 20～25g,穴播每亩 4 000 穴时为 5～10g,撒播可增大到 45g。一般以条播和穴播为主,播后覆土0.3～0.6cm,播后镇压即可。种子埋藏越深,萌发率越低,埋藏深度为 0.5～1.0cm 时种子萌发率和出苗率最高。条播行距 50～100cm。在种植时最好把种子与细河砂按 1:20 混合拌匀,条播到沟内,用手轻轻覆土并压实,覆土厚度以看不见种子为宜。

（三）水肥管理

春播或夏播的播种地，在幼苗出土前，如果土壤太干，可适量灌溉，在子叶出土后5～10d，地下部分生长很快，地上部分只有两片子叶逐渐长大，应适时拔掉杂草，以利于幼苗的生长。在真叶长出3～6片后，应及时松土锄草。该品种耐瘠薄，一般不需施肥。在抽薹开花期，水分不宜太多，注意排涝，使植株茎秆生长坚挺。

四、生产利用

陇中黄花补血草主要用于园林绿化、植物造景、防风固沙和室内装饰等多种用途，其中花萼和根为民间草药。该品种株丛较低矮，花朵密度大，花色金黄，观赏性强，花期长，花形花色保持力强，花干后不脱落、不掉色，是理想的干花、插花材料与配材，也是良好的蜜源植物。由于其上述特点，易于在城市绿化中营造出色彩艳丽、赏心悦目的群体景观，亦可用于庭院绿化、花坛的镶边栽植、装饰草坪边缘以及作为室内盆栽观赏。

陇中黄花补血草花序　　　　　陇中黄花补血草单株

陇中黄花补血草群体   陇中黄花补血草种子

41. 川选 1 号苦荬菜

川选 1 号苦荬菜（*Ixeris polycephala* Cass. 'Chuanxuan No. 1'）是收集自四川省川北的农家苦荬菜自留种为原始育种材料，经多年连续多次混合选择，以高产优质、生长利用期长、叶片长而宽大、植株高大作为主要目标选育而成的育成品种。由四川农业大学、四川省畜牧科学研究院和贵州省草业研究所申请，于 2018 年通过全国草品种审定委员会审定登记，登记号：557。该品种具有较显著的丰产性，产量高，多年多点比较试验表明，川选 1 号苦荬菜在适宜种植区，鲜草产量一般可达 50 000～70 000kg/hm²，干草产量一般可达 4 500～8 000kg/hm²，生产性能稳定持久。

一、品种介绍

菊科苦荬菜属一年生草本植物。直根系，主根粗大，纺锤形，入土深达 1m 以上，根群集中分布在 0～30cm 的土层中。茎直立，上部多分枝，光滑，株高 1.6～2.0m。基生叶，丛生，25～35 片，无明显叶柄，叶为卵形，成熟期叶长 30～50cm，宽 5～12cm，全缘或羽裂。全株含白色乳汁，味苦。头状花序，舌状花，淡黄色，瘦果，长卵形，成熟时为紫黑色，顶端有白色冠毛，千粒重 1.2g。

喜温耐寒又抗热，在我国长江流域海拔 400～2 000m，降水量 600mm 以上的地区可以良好生长，一般 3 月播种后，6～8 天后相继出苗，3 月中下旬进入出苗期，5 月中旬进入莲座期，5 月末抽薹，7 月中下旬进入开花期，8 月结实，9 月底成熟，生育期长达 190～201 天。对土壤要求不严，各种土壤均可种植，耐瘠薄。有一定的耐酸、耐盐碱能力，适宜的土壤 pH 5～8，较耐阴，可在果林行间种植。分枝能力强，抗病虫害，直立性强，抗倒伏，再生性强。

二、适宜区域

根据国家区域试验结果结合品种比较试验和生产试验，川选 1 号苦荬菜适宜在湖北、四川、重庆、安徽、江苏、贵州等海拔 400～2 000m，降水量 600mm 以上的长江流域地区推广应用。

三、栽培技术

(一) 选地

川选 1 号苦荬菜能适应多种土壤类型，但以排水良好、肥沃的壤土最为适宜。有一定的耐酸、抗盐碱能力，但以中性、微酸性最好。种植时应选择土壤疏松、土质肥沃、排灌方便、平坦的地块。进行种子生产的要选择光照充足、利于花粉传播的地块。

(二) 整地

播种前，选择晴天喷施灭生性除草剂除杂草。一周后翻耕，耕深 20～25cm，打碎土块，耙平地面，同时视土壤肥力情况亩施农家肥 2 000～3 000kg 或尿素 25～35kg 和过磷酸钙 20～30kg 作基肥，以满足整个生长期的需要。

(三) 播种技术

1. 种子处理

播种前对种子进行清选，清除未成熟种子和杂质，选择粒大饱满的紫黑色种子做种用。播种前晒种 1 天，可提高发芽率。此外，种子在第二年发芽率最高，可保证全苗。

2. 播种期

在长江流域及以南地区春、夏、秋季均可播种，但以春播为佳，春播以 3 月中下旬至 4 月中下旬为宜，秋播在 9 月上旬至 10 月中旬。北方可在 4 月上旬到 6 月上旬播种，以 4 月上中旬播种为佳。

3. 播种量

播种量与当地的自然条件、土壤条件、播种方式和利用目的有关。作为青刈用的播种量较收种用的要大。在贫瘠的土壤中播种较在肥沃湿润的土壤中应适当加大播种量。通常单播青刈用，直播播种量为 6～9kg/hm^2，育苗移栽用种量为 2.25～4.5kg/hm^2。

4. 播种方式

撒播、条播或穴播均可，大面积单播种植可采用条播，易于建植、管理和收获。行距 20～30cm，播幅 3～5cm。穴播也是常用的一种直播方法。穴播行距为 20cm×25cm，苗株距一般保持在 4～8cm 为宜，每穴下种 8～12 粒。由于种子细小，不宜深播，播深 1～3cm，覆土 1～2cm，浇足水分。育苗移栽时待幼苗长到 3～5 片叶时即可移栽。阴天移栽有利于提高成活率。幼苗要随拔随移栽。移栽时行距20～30cm，株距 10～15cm，每穴栽苗 1～2 株。

(四) 水肥管理

川选1号苦荬菜对水分敏感，怕涝，积水将严重影响产量，要做到合理灌溉。根据土壤墒情播后 4～6 天再浇一次水，保持好田间的湿度。土壤含水量过高，会造成通气不良，影响根系的呼吸而引发一些根部病害，积水 1 天以上短期内会死亡。特别是在低洼易涝地区以及南方雨水较多的季节，一定要开好排水沟，并经常注意疏沟排水。干旱对产量影响很大，但一般不会致死，适时灌水可显著增产。生长过程中对氮肥较为敏感，根据苗情，在苗期以及每次刈割之后宜追肥，追肥以氮肥为主，苗期追施尿素 75kg/hm² 为宜，每次刈割后追施尿素 150～225kg/hm² 为宜。

(五) 病虫杂草防控

川选1号苦荬菜常见病害为白粉病、霜霉病和叶斑病，均可参照防治真菌性病害法进行处理，可用国家规定的药物防治，如百菌清、多菌灵、代森锌等。同时注意早期合理的施肥和灌溉，以及选用无病虫害的种子进行播种。川选1号苦荬菜的主要害虫是蚜虫，一般采取药物法防治。病虫害发生初期还可以采取适度刈割进行物理防治。

四、生产利用

苦荬菜通常在莲座期刈割后作青饲用，最好在抽薹前刈割。当株高达 40～50cm 时即可首次刈割，单位面积产量、品质均为较高，留茬 5～7cm。南方每隔 20～30 天可以刈割一次，年可刈割 4～5 次，北方每年可以刈割 3～5 次，随割随饲，最后一次刈割可以齐地割。苦荬菜叶量大，脆嫩多汁，适口性好，猪、禽最喜食。营养丰富，特别是粗蛋白含量较高，是一种优质的蛋白质饲料。

川选 1 号苦荬菜主要营养成分表（以干物质计）

收获期	CP (%)	EE (g/kg)	CF (%)	NDF (%)	ADF (%)	CA (%)	Ca (%)	P (%)
营养生长期	16.6	45.7	16.4	27.2	25.4	10.9	1.24	0.19

注：农业部全国草产业品质质量监督检验测试中心测定。

CP：粗蛋白，EE：粗脂肪，CF：粗纤维，NDF：中性洗涤纤维，ADF：酸性洗涤纤维，CA：粗灰分，Ca：钙，P：磷。

川选 1 号苦荬菜叶　　　　川选 1 号苦荬菜单株

川选 1 号苦荬菜花　　　　　　川选 1 号苦荬菜种子

42. 沱沱河梭罗草

沱沱河梭罗草（*Kengyilia thoroldiana*（Oliv.）'Tuo-tuohe'）是以青海省格尔木市唐古拉山乡沱沱河地区的野生梭罗草资源为原始材料，通过田间栽培后混合穗选，历经15年驯化选育出的野生栽培品种。由青海省畜牧兽医科学院和青海大学申请，于2018年通过全国草品种审定委员会审定登记，登记号：558。多年多点栽培试验证明，沱沱河梭罗草在三江源地区干草产量3 180～3 813kg/hm²，种子产量241～382kg/hm²。

一、品种介绍

禾本科以礼草属多年生草本植物。具下伸或横走根茎。秆丛生，下部有倾斜，高21～56cm。叶片扁平或内卷，长2～8cm，宽2～4.5mm，无毛或上下两面密生短柔毛。穗状花序弯曲或稍直立，长12～16mm，含3～6小花。颖长圆状披针形，具3～5脉，背面密生粗长柔毛，第一外稃长6～14mm，顶端短尖头长1～2mm。自花授粉，花果期7～9月。种子千粒重为3.4～3.8g，种子发芽率为40%～68%。

沱沱河梭罗草在海拔2 200～4 600m地区试种均表现为早熟、耐寒、抗旱性状，越冬率99%以上，生育期108天左右，第二年分蘖数 12～14 个。在 pH 7.7～8.7 土壤上生长发育良好，耐盐碱，耐贫瘠，适应于寒冷干旱的高寒草原生境。第 2～4 年干草平均产量 3 327～4 189kg/hm²，种子产量 241～382kg/hm²。

二、适宜区域

适宜在青藏高原年降水量 300mm 以上，海拔 2 800～5 000m 的高寒草原和高寒荒漠区栽培种植。

三、栽培技术

（一）退化高寒草原补播

1. 选地
退化高寒草原，坡度小于 25°，便于机械作业。

2. 种子处理
沱沱河梭罗草种子附生绒毛，收获后必须进行清选，除去绒毛。或对种子进行丸衣化，达到机械播种要求。种子质量达到 DB 63/T 1056 要求三级以上。

3. 播种期
青海高寒地区播种时间为 5 月上旬至 6 月下旬为宜。

4. 播种量
理论播种量为 22.50～37.50kg/hm²。

5. 播种方式
免耕补播，播种深度 2～3cm。墒情较差时，不宜超过 4cm。

（二）人工草地建植

1. 选地

选择重度退化高寒草原，坡度小于 7°，便于机械作业。

2. 整地

沱沱河梭罗草苗期生长慢，与杂草竞争力弱，整地要精细。耕翻深度 15～30cm，耙糖 2～3 遍，镇压，保证适时播种。种肥以有机肥最好，耕翻前施有机肥 30～45m³/hm² 作基肥。施用化肥结合播种进行，施磷酸磷酸二氢铵 75～180kg/hm²，或过磷酸钙 150～225kg/hm² 和尿素 75～180kg/hm² 配合混施。

3. 种子处理

沱沱河梭罗草种子附生绒毛，收获后必须进行清选，除去绒毛。或对种子进行丸衣化，达到机械播种要求。种子质量达到 DB 63/T 1056 要求三级以上。

4. 播种期

青海高寒地区播种时间 5 月上旬至 6 月下旬为宜。

5. 播种量

理论播种量为 22.50～37.50kg/hm²。

6. 播种方式

播种机播种，播种深度 2～3cm，播种后必须镇压 1～2 遍。

（三）种子田

1. 选地

选择地形平坦，地势开阔，土壤条件良好，便于机械作业的地块。

2. 整地

耕翻深度 15～30cm，耙糖 2～3 遍，达到细碎平整，清除杂草根茎与杂物，保证适时播种。种肥以有机肥最好，耕翻前施有机肥 30～45m³/hm² 作基肥。化肥结合播种施磷酸磷酸二氢铵 150～225kg/hm²。

3. 种子处理

沱沱河梭罗草种子附生绒毛，收获后必须进行清选，除去绒毛。或对种子进行丸衣化，达到机械播种要求。种子质量达到 DB 63/T 1056 要求二级以上。

4. 播种期

青海高寒地区播种时间 5 月上旬至 6 月下旬为宜。

5. 播种量

理论播种量为 22.50～30.00kg/hm²。

6. 播种方式

播种机播种，播种深度 2～3cm，播种后必须镇压 1～2 遍。

（四）田间管理

1. 鼠害防治

对于鼠害严重的退化高寒草原，建植前必须进行鼠害防治，采用生物毒素——C 型或 D 型肉毒梭菌毒素，于前一年 11 月至次年 4 月进行防治和扫残，防治效果高于 95%，具体按 DB 63/T 164 执行。

2. 围栏保护

播种后当年围栏封育禁牧，按 NY/T 1237 标准要求建设网围栏。

3. 杂类草防除

在分蘖期或返青—拔节期前，种子田采用人工拔除禾本科其他杂草和阔叶杂草，或使用除草剂（每公顷用 750ml、72％的 2,4-D 丁乳酯或 225ml 阔叶净兑水 375kg 稀释喷雾）清除阔叶杂草。

4. 追肥

生长第 2 年或第 3 年于分蘖至拔节期追施磷酸磷酸二氢铵 75～150kg/hm^2，或施尿素 112.5～225kg/hm^2。

四、生产利用

（一）放牧

补播草原和人工草地建植当年生长期禁牧，草地封冻后利用。第 2 年后根据草地生长状况和管理条件适度放牧，忌过牧。

（二）刈割利用

沱沱河梭罗草叶量大，草质好，家畜喜食，以抽穗前适口性最好。调制青干草在开花至乳熟期进行刈割，粗蛋白质含量丰富，产量高。

（三）种子收获

沱沱河梭罗草种子成熟不一致，落粒性强，目前适宜专用收获机械缺乏，收获宜在乳熟后期至蜡熟期进行，采用人工收获，青海高寒地区 8 月上旬开始随熟随收。

42. 沱沱河梭罗草

沱沱河梭罗草主要营养成分表（以干物质计）

样品名称	DM (%)	CP (%)	EE (%)	CA (%)	CF (%)	无氮浸出物 (%)	可溶性糖 (%)
沱沱河梭罗草	34.3	15.33	3.78	7.32	29.79	38.35	0.03

注：农业部全国草业产品质量监督检验测试中心测定。

注：DM：干物质，CP：粗蛋白，EE：粗脂肪，CA：粗灰分，CF：粗纤维。

沱沱河梭罗草穗

沱沱河梭罗草单株

沱沱河梭罗草种子

沱沱河梭罗草群体

43. 滇西翅果菊

滇西翅果菊（*Pterocypsela indica*（L.）Shih 'Dianxi'）又名山莴苣、苦莴苣等，俗称"鸡菜""鸡窝笋""帕盖"（傣语）等。于 20 世纪 60 年代引入盈江种植，并扩散到德宏及其周边地区，经过当地各民族长期栽培形成的地方品种。2017 年通过全国草品种审定委员会审定登记，登记号：523。滇西翅果菊适应性强，植株形态及发育性状整齐一致度高，丰产稳产性好，适合亚热带地区冬春季种植。干草产量 7～9t/hm²，种子产量 90～100kg/hm²。

一、品种介绍

菊科翅果菊属一年生或越年生草本植物。轴根型，主根粗壮，略带肉质，纺锤形，入土深达 1m 以上，侧根主要分布于 0～30cm 土壤。茎单生，直立，光滑，粗壮，基部直径 3～5cm，开花期株高 2～4 m。叶片宽大，光滑，全缘，边缘疏生细齿，中肋明显；莲座叶丛期基生叶倒卵状披针形或披针状长圆形，长 15～30cm；茎生叶中下部边缘具三角形锯齿或偏斜卵状大齿略呈戟形，长 35～45cm，宽 8～12cm；中部以上茎生叶倒披针形或线形，顶端长渐急尖或渐尖，基部楔形渐狭，长 25～35cm，宽 5～7cm。头状花序多数，果期卵球形，沿茎枝顶端排成圆锥花序或总状圆锥花序。头状花序含舌状小花 25～30 朵，黄色。瘦果椭圆形，黑色，极压扁，边缘有宽翅，顶端渐尖成约 1 毫米的短喙，每面有 1 条细纵脉纹，长 3～5 毫米，宽 1.5～2 毫米；冠毛 2 层，白色，长约 8 毫米。千粒重 1.185g。

喜温暖湿润气候，对土壤要求不严，但在肥沃、排灌良好的土壤上生长良好。适应性强，根系入土深，较耐旱，但久旱生长缓慢。耐寒、幼苗能耐−2℃的低温，成株能耐−5℃的低温。耐热性好，在云南亚热带春播能顺利越夏。抗病能力强，几乎无严重病害。耐阴性好，可用作果树或林间种植。苗期生长缓慢。气温 15℃ 以上时生长速度加快。再生能力强，刈割 2～3 天即可长出嫩叶，再生基生叶生长迅速，但在抽薹后显著减弱。多次刈割再生速度平缓，没有明显的生长高峰。在德宏坝区种植滇西翅果菊的全生育期约 210 天左右。

二、适宜区域

云南暖温带及亚热带气候区，我国长江以南的亚热带中低海拔气候区。

三、栽培技术

(一) 选地

适应性强，土壤要求不严，宜选择在肥沃、排灌良好的土壤或轮闲田地块，可以获得高产。

（二）整地

苗床土壤需整细，施农家肥 $5\sim10kg/m^2$，并与细土充分混匀。移栽前整地精细，施足底肥，一般亩施用农家肥 $1.5\sim2t$。

（三）播种技术

1. 种子处理

由于种子细小，需育苗移栽。种子用 30℃ 温水浸泡 20 分钟左右催芽用纱布包裹种子，放置在温暖潮湿地方 $2\sim3$ 天，种子露白吐芽后拌上细土，均匀撒播于已施足腐熟厩肥并与细土充分混匀的苗床内，再用耙轻轻翻动使吐芽种子与细土充分接触，在苗床上面用秸秆覆盖，适时灌水。

2. 播种期

可在春、秋季播种，亦可分期播种，以提高饲草供应的均衡性。

3. 播种量

德宏翅果菊种子细小，直播田种子用量较大，目前普遍采用育苗移栽。用种量 $1.5\sim3kg/hm^2$。

4. 播种方式

穴播。当苗床中的幼苗长至 $4\sim5$ 片叶时移栽至大田，按照行距 30cm 左右，株距 20 cm 左右，每穴 1 苗。要求在移苗前用水浇透苗床，剪掉植株的过长根系，移苗后浇足定根水，以利成活。

(四)水肥管理

种子在 20～25℃萌芽迅速，但是苗期生长缓慢。当气温达到 15℃以上时生长速度加快，25～35℃生长速度最快。苗期视墒情适时灌溉，适时中耕除杂和补苗。当苗高 50cm 左右或长到 15 片叶以上时，开始刈割或剥叶利用。第 1 次刈割留茬 3cm 左右，以后每次刈割留茬高度宜在 5cm 以上，但是以后刈割间隔以 20～30 天为宜。最后一次齐地刈割。每次刈割后，应追施复合肥 150～225kg/hm^2 或施农家肥以提高饲草产量。

(五)病虫杂草防控

抗病能力强，几乎无严重病害。在种植期间需适时中耕除杂，以利滇西翅果菊的生长。

四、生产利用

滇西翅果菊属于轴根系，主根粗壮，植株高大，草质柔嫩，是优良的冬闲田填闲种植或粮（经、果）间、套、轮作型牧草，也是热带地区果园优良的间作型牧草。萌芽及早期生长迅速，供青早，刈后再生能力强，刈割后 2～3 天即可长出嫩叶，再生基生叶生长迅速，但在抽薹后显著减弱。在秋冬季填闲种植和良好栽培条件下，一个生产周期可刈割 4～5 次，鲜草产量 65～75t/hm^2，折合干物质产量 8～9t/hm^2。

叶量丰富，营养价值高，必需氨基酸含量丰富，适口性好，各种家畜均喜食。主要用于养鹅、养鸡和养猪，此外也用作鱼饵料。经在盈江县实际采样测定，滇西翅果菊营养期粗蛋白含量高达 21.46％，粗纤维 14.35％。即使收种后进入枯黄期，其粗蛋白含量也高达 11.75％，粗纤维 39.52％，饲草品质优于德宏当地现有主栽热带禾本科牧草品种。

滇西翅果菊主要营养成分表（以干物质计）

收获期	水分 （％）	CP （％）	EE （g/kg）	CF （％）	NDF （％）	ADF （％）	CA （％）	Ca （％）	P （％）
营养生长期	11.9	21.0	48.0	11.5	23.9	19.1	10.6	1.20	0.35

注：农业部全国草业产品质量监督检验测试中心测定。

CP：粗蛋白，EE：粗脂肪，CF：粗纤维，NDF：中性洗涤纤维，ADF：酸性洗涤纤维，CA：粗灰分，Ca：钙，P：磷。

滇西翅果菊茎秆和叶片

滇西翅果菊花序

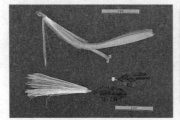

滇西翅果菊花和果实

滇西翅果菊群体

44. 滇西须弥葛

　　滇西须弥葛（*Pueraria wallichii* DC.‘Dianxi’）于 2004 年 2 月在保山地区龙陵县，海拔在 1 430m 的热性灌草丛植被中发现其野生群体，该地属于中亚热带或南亚热带气候区，降雨丰沛。云南省草地动物科学研究院的研究人员经过多年驯化、耐寒、耐旱性等试验评价形成的野生栽培品种。2017 年 7 月通过全国草品种审定委员会审定，登记号：526。经多年多点试验证明，滇西须弥葛可饲用部分的年均干草产量达 4 961kg/hm^2，最高产量达到 5 922kg/hm^2。

一、品种介绍

　　豆科葛属多年生或蔓生或缠绕的灌木植物。枝薄被短柔毛或无毛，粗壮或纤细，充分生长的植株上部呈缠绕状，当年生枝条绿色。托叶基部呈披针形，早落；托叶小，呈刚毛状。羽状复叶，具 3 小叶，叶片大；顶生小叶倒卵形，长 10～22cm，先端尾状渐尖，基部三角形，全缘，上面绿色，无毛，下面灰色，被疏毛，侧生小叶偏斜。总状花序长可达 40mm，常排成圆锥花序或有时簇生；总花梗细长而下垂，簇生于花序每节上；花萼长约 4mm，近无毛，膜质，萼齿有时消失，有时极宽，下部的稍宽；花冠淡红色，旗瓣倒卵形，长 1～1.3 cm，基部渐狭成短瓣柄，无耳或有一极细而内弯的耳，具短附属体，翼瓣稍较弯曲的龙骨瓣为短，龙骨瓣与旗瓣相等；对旗瓣的 1 枚雄蕊仅基部离生，其余部分和雄蕊管连合。荚果直，长 7～13 cm，宽 6～12 mm，无毛，果瓣革质或近骨质。花期 9～12 月，果期 1～3 月；种子阔肾形或近圆形，扁平，褐色或浅褐色，种脐小，直径 5～8mm；千粒重 60～72 g。

喜温暖湿润、阳光充足和土壤疏松环境。生态适应范围广泛，耐寒，在暖温带地上部分受冻部分枯死，但地下部分能顺利越冬。耐旱及耐贫瘠能力较强，在岩溶地区干旱瘠薄土壤环境条件下也能良好生长，但在陡坡岩石裸露环境条件下长势较差。分枝能力中等，再生性、耐牧性和持久性均较好，生育期内可多次放牧或刈割利用。适宜环境条件下种子产量高，种植第 3 年，种子产量可达 1 200kg/hm²，但豆荚裂荚性强，应及时收获。种植当年生长缓慢。在昆明小哨，6 月下旬播种，至当年 12 月下旬，叶片全部枯黄时，株高平均仅 40cm；第 2 年生长迅速，10 月下旬至次年 1 月陆续开花，霜冻来临后，叶片迅速枯黄脱落；霜冻严重时，幼嫩枝条顶端可能冻死 5～10cm，但整株能正常越冬。霜冻较轻的年份，部分植株可以结实。

二、适宜区域

适宜在南亚热带及热带和中亚热带气候区，海拔 800～1 500m，温暖湿润和土壤疏松环境中生长。特别适合在云南、降雨较丰富的中亚热带至南亚热带气候区，不适宜在陡坡岩石裸露地区和干热河谷区。

三、栽培技术

（一）选地

宜选择喜温暖湿润、阳光充足和土壤疏松环境。在干旱瘠薄土壤环境条件下也能良好生长，但在陡坡岩石裸露和干热河谷环境条件下长势较差。

（二）整地

土壤经过除尽杂草和精细整理后，根据土壤养分情况施入适量有机肥或无机肥料作为基肥。

（三）播种技术

1. 种子处理

种子在 60℃热水中浸泡 3～5min，在冷水中放置 24h 后即可播种，也可不经处理直接播种。

2. 播种期

在我国南方湿热地区宜采用秋播。条播行距 50 cm，深度 1.5～2 cm；穴播距 40～50 cm，每穴播 8～10 粒，种子直播或育苗移栽均可。云南省热区石漠化综合治理时，宜采用种子直播，雨季来临前两周左右即可播种（5月上旬），云南南亚热带湿热地区及我国南方湿热地区宜秋季播种。

3. 播种量

条播用种量 60～75kg/hm²，穴播用种量 12～18kg/hm²

（8～10 粒种子/穴）。

4. 播种方式

条播、穴播或育苗移栽，但在热带石漠化地区宜直播。

（四）水肥管理

播种后 15 天左右出苗，苗期生长缓慢，需适时中耕除杂。育苗移栽时，宜采用营养袋育苗，苗高 20～30cm 时开始移栽，云南省湿热地区宜在雨季结束前 1 个月左右进行，我国南方其他省区宜秋冬季移栽，株行距与穴播相同。种植当年，不宜刈割利用，苗高超过 1m 时，可掐尖以促进基部分枝。种植次年，株高长至 1.2m 以上时开始刈割或放牧利用。刈割利用时，留茬高度宜保持在 30～45cm。施钙镁磷肥 500～600kg/hm² 作基肥，每年可施钙镁磷肥 450～675kg/hm² 作维持肥。种子裂荚性强，应及时收种，人工采摘果荚，在晒场晒干后，脱粒筛选。

（五）病虫杂草防控

抗病虫害能力较强，通常无需专门防治。

四、生产利用

主要用于热区草地改良及护坡，亚热带喀斯特地区生态恢复种植，还可刈割或放牧利用。嫩枝叶产量较高，当生长 60 天时叶茎鲜重比达 1.72，干重比 1.81。当株高达 1.2m 以上可刈割利用，留茬 30～45cm。在云南热区大田生产条件下，生长速度快，分枝力较强，耐刈割，刈后再生性好，

多次刈割利用时，可利用部分饲草产量折合干物质平均达
4～5t/hm²，为山羊、牛喜食。在云南省保山地区龙陵县黄
山羊放牧状态下通常表现为优先采食，采食率高达 65％～
75％。刈割利用时，圈养肉牛亦喜食。叶量丰富，饲草及种
子产量高，营养价值高。

滇西须弥葛主要营养成分表（％）

项目	枝条	茎	叶
干物质	92.31	91.55	92.73
粗蛋白	18.28	7.92	24.03
粗脂肪	4.25	2.2	5.39
粗纤维	31.06	36.85	27.84
粗灰分	5.22	2.08	6.96
中性洗涤纤维	46.31	62.25	37.45
酸性洗涤纤维	38.71	55.6	29.32
酸性木质素	10.62	16.73	7.22
钙	1.12	0.48	1.47
磷	0.13	0.05	0.18
水解丹宁	0.41	0.27	0.48

注：由云南省肉牛工程技术研究中心提供。

滇西须弥葛花

滇西须弥葛叶片

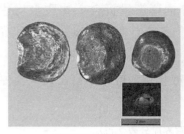

滇西须弥葛种子　　　　　　　滇西须弥葛群体

45. 滇中白刺花

滇中白刺花（*Sophora viciifolia* Hance. 'Dianzhong'）是由 1998 年 7 月在暖温带至北亚热带气候过渡带的滇中地区采集的野生资源为材料，云南省草地动物科学研究院经过十多年的驯化、选育，筛选得到的饲草及种子产量高、饲草供给均衡性好、抗逆性强的白刺花品种。2018 年通过全国草品种审定委员会审定登记，登记号：545。经多年多点试验证明，滇中白刺花在云南喀斯特地貌区丰产、稳产性好，抗旱。在大田生产条件下，年饲草产量可达 4 513～4 936kg/hm²，最高产量可达 7 730kg/hm²，且干季饲草产量比对照品种高76.7%～112.1%，在平衡干季饲草方面滇中白刺花显示出较好的生产适应性，年均种子产量达到 1.25t/hm²。

一、品种介绍

豆科槐属多年生灌木。属异花传粉植物，成年株高可达3～4m。轴根系，侧根密集。主干不明显，枝干深黑褐色，有纵裂，新枝绿色，有短毛，老枝褐色，枝条有锐利的针状刺。奇数羽状复叶，具小叶 11～21 枚，小叶椭圆形或长倒卵形，长 5～12mm，宽 4～8mm，先端钝或微凹，具短尖头，两面疏被平伏的短柔毛，中脉较密；托叶针刺状，宿存。总状花序生于老枝顶端，有花 5~14 朵。花梗长约 4mm；萼钟形，被短柔毛，萼齿三角形；花冠蝶形，白色，长约 1.5 cm，旗瓣倒卵形或匙形，反曲，龙骨瓣基部有钝耳；雄蕊 10，花丝下部 1/3 合生；子房具柄，被毛。荚果串珠状，长 2~6cm，具长喙，近无毛，果皮近革质，含种子 1~5 粒。种子椭圆形，直径约 0.5cm，成熟后黄褐色，千粒重 23.5g。

生态适应范围广泛，喜温暖湿润和阳光充足的环境，耐寒冷，耐瘠薄，稍耐阴，但不耐水渍。适宜在疏松肥沃、排水良好的沙质土壤中生长。苗期生长缓慢，种植次年生长迅速，对杂草竞争能力较强。根系发达，主根入土深达 3m 以上，水平根幅面积达 5m^2，根冠比为 2.9，但 80% 的根系分布于 0~40cm 的土层内。白刺花具有特殊的旱生化外形，遇严重干旱时，还能通过部分落叶，以减少蒸腾，故耐旱性强。白刺花枯落物丰富，枯落物具有较高的保水能力。据测定，白刺花单一群落中的枯落物风干重 1 115.8g/m^2，容水量达 3 517.5g/m^2，相当于其本身风干重的 3.15 倍。0~60cm 土层内一次最大蓄水量可达 42.12mm，对于保水能力差的石漠化地区可以起到良好的调节地表径流和控制水土流失作用。在云南石漠化严重地区，白刺花作为伴生种与扭黄茅、苞茅、香茅等旱生型禾草共生良好，在局部碎石、少土地段常形成茂密的单一白刺花群落。耐旱性强，在云南返青早，干季有一定的供青能力。

二、适宜区域

在温带至亚热带绝大多数地区均可种植，但最适种植区域为干热河谷区及干旱、贫瘠的云贵高原喀斯特地貌区和生态恢复区。

三、栽培技术

(一) 选地

对土壤要求不严，宜选择疏松肥沃、排水良好的沙质土壤。特别适宜在酸性山地红壤，在土层浅薄和贫瘠土壤上也能生长。

(二) 整地

土壤整理需精细，除尽地表杂草。在播种前施钙镁磷肥 $500\sim600kg/hm^2$ 作基肥。

1. 种子处理

刚收获的种子硬实率高，需经 $40℃$ 温水浸泡 $10min$，在冷水中浸泡 $24h$ 后播种。亦可不经处理直接播种。

2. 播种期

云南整个雨季均可进行，我国西南其他省份宜秋播。

3. 播种量

种子直播，条播用种量 $40\sim50kg/hm^2$，穴播用种量 $15\sim20kg/hm^2$（$8\sim10$ 粒种子/穴）。

4. 播种方式

种子直播或育苗移栽均可。穴播，穴间距 $40\sim50cm$，每穴播种子 $8\sim10$ 粒；条播时，行距 $40cm$，播种深度 $1.5\sim2cm$；育苗移栽时，宜采用营养袋育苗，苗高 $20\sim30cm$ 时开始移栽。云南省宜在雨季移栽，我国南方其他省区宜秋冬季移栽，株行距与穴播相同。

（三）水肥管理

种子直播时，云南省宜在雨季来临后进行，我国南方宜在秋季进行；播种后 15～30 天出苗，苗期生长缓慢，需适时中耕除杂。每年可穴施钙镁磷肥 50～100g/株作维持肥。

（四）病虫杂草防控

抗病虫害能力强，通常无严重病虫害发生。但有时天牛、蚂蚁等危害枝干，需及时防除。

四、生产利用

适宜刈割或放牧利用，也可作为生态保护种植和土壤贫瘠、水土流失严重地段草地补播改良利用。分枝能力强，再生性、耐牧性和持久性均较好，在生育期内可多次放牧或刈割利用，但在种植当年不宜刈割利用；种植次年当株高长至 1m 以上时可以放牧利用。在建植的第 3 年可正常放牧利用。刈割利用时，留茬高度应保持在 5～10cm，并在每年穴施钙镁磷肥 50～100g/株作维持肥。生长 5 年左右可平茬一次。放牧结果表明，山羊喜食，特别在干旱缺草季节放牧采食率高达 60％～80％。种子产量高，年均种子产量平均达到 1.25t/hm²，种子发芽率 72.5％，1 亩种子田可满足 20～25 亩草地建植需要。但裂荚及落粒性均较差，种子生产可待绝大部分豆荚成熟变黄后一次性采摘收获，在种子收获后可放牧或刈割利用。

45. 滇中白刺花

滇中白刺花主要营养成分表（%）

项目	枝条	茎	叶
干物质	90.81	91.33	90.15
粗蛋白	16.99	11.39	23.99
粗脂肪	2.88	1.79	4.25
粗纤维	30.24	36.4	22.55
粗灰分	4.69	3.47	5.51
中性洗涤纤维	43.23	51.61	37.64
酸性洗涤纤维	32.72	43.14	25.78
酸性木质素	10.67	13.51	8.77
钙	0.83	0.31	1.18
磷	0.13	0.09	0.16
水解丹宁	0.44	0.42	0.45

注：由云南省肉牛工程技术研究中心提供。

滇中白刺花

滇中白刺花荚果

滇中白刺花种子

滇中白刺花群体

46. 关中狗牙根

关中狗牙根（*Cynodon dactylon*（L.）Pers. 'Guanzhong'）是1995年从陕西咸阳杨凌区天然草地采集的野生狗牙根种质资源（经度108°48′，纬度34°25′，海拔505.4m），与900余份狗牙根种质材料一起种植于苗圃地，经多年评价鉴定，从中筛选出的优良品种。由江苏省中国科学院植物研究所申报，2017年通过全国草品种审定，登记号：528。该品种具发达的地下茎和根系，质地中等，均一性高，抗寒耐盐，抗病性强，与冷季型草坪草交播效果好，无明显过渡期，是京津冀及以南地区运动场、水土保持以及重度盐碱地绿化的优选草种。

一、品种介绍

禾本科狗牙根属多年生草本植物，具有发达的匍匐茎和地下茎，自然草层高度为10～20cm；叶片平均长度为4～6cm，宽度为0.20～0.30cm；匍匐茎节间长度和直径分别为2.0～2.5cm和0.07～0.1cm；草坪密度为200个/100cm²；生殖枝高度为18～23cm，花序密度为8～10个/100cm²；花序长度为4.0～4.5cm，花序分支数为4～5个，每支小穗数为30～40个，小穗长2.06mm，宽0.99mm。

关中狗牙根青绿期长，在广州地区青绿期为 315～365 天，在武汉地区为 265～282 天，在南京地区一般 4 月上旬返青，12 月初枯黄，青绿期为 234～251 天，在北京、天津和山东泰安均可以顺利越冬，青绿期分别为 187～190 天、181～192 天和 209～216 天，在北京一般 4 月下旬返青，10 月下旬枯黄。抗寒、耐热，在极端低温为－27.5℃，极端高温为 42.6℃的条件下，均可以生长良好，具抗病虫、抗旱及养护费用低（花序少、均一性强）的特性。成坪速度快，在 5—9 月旺盛生长季，以 10cm×10cm 的点栽法或 10cm 行距的条栽法进行种植，20～60 天可成坪。对土壤要求不严，排水良好，土壤 pH 5.3～8.2 的沙壤土、壤土等均可种植。

二、适宜区域

可用于京津冀及以南地区运动场、水土保持以及重度盐碱地草坪建植。

三、草坪建植技术

本品种适宜用草茎或草皮块进行营养繁殖，在亚热带种植时间为春季到秋季（霜降前 30 天以上），在暖温带地区建议春季或初夏种植。草坪建植前先用灭生性除草剂如"农达"等除草，耕翻整地，施足有机肥。之后灌溉，促使杂草再生，再次喷施农达。如此反复 2～3 次后，除去杂草和石头瓦砾，将坪床进行细平整。可以采用种茎直播法、条栽法或点栽法进行播种，种茎直播法采用 1∶3～5 比例，采用条栽或点栽法采用 1：5～10 的比例，也可采用满铺法建植草坪。

四、草坪养护管理

播种后，保持地面湿润，直到成活后，再逐步减少灌水。在草坪盖度达到 70%～80% 时，可进行第一次修剪，修剪高度为 2～3cm。待成坪后遵循"1/3 原则"进行常规修剪。中等肥力的土壤，旺盛生长季节每月修剪 1～2 次，每月补充尿素 $10g/m^2$，霜前最后一次剪草后，施用 N-P-K（15：15：15）肥一次，用量为 30～40g/m^2。

关中狗牙根匍匐茎

关中狗牙根地下茎和根系

关中狗牙根自然草层

关中狗牙根建植的足球场草坪

47. 川西狗牙根

川西狗牙根（*Cynodon dactylon*（L.）Pers.'Chua-nxi'）是以采自四川汶川县郊外的野生狗牙根为原始材料，经无性系选择和栽培驯化试验选育而成的野生栽培品种。由四川农业大学草学系申请，于2017年7月17日登记，登记号为：529。该品种匍匐茎发达、成坪速度快，叶片质地纤细、叶片短而窄，匍匐茎纤细、节间短，草丛低矮致密、均一性好，抗寒、冬季保绿性好、绿期长，抗旱性突出、抗病虫能力强，耐践踏、粗放管理。坪用综合价值优于对照品种南京狗牙根，与国外杂交品种 Tifway 无明显差异。

一、品种介绍

川西狗牙根为多年生匍匐型草本，具地下根茎。叶色深绿，叶片线形，叶长1.2～2.8cm，宽0.20～0.23cm；质地细腻，草丛均匀致密，自然高度为5.1～7.2cm，具发达的匍匐茎，匍匐茎紫褐色，节间长2.4～3.6cm；穗状花序3～6枚，呈指状簇生于秆顶部，生殖枝高17.4～25.7cm，花序长3.2～4.1cm，小穗长0.19～0.22cm；结实率低，以无性繁殖为主。

川西狗牙根适应性强，在各试验区均能正常生长、安全越冬。返青早、枯黄期晚、绿期长。在西南区的枯黄期为11月中下旬或12月中下旬枯黄，返青期为3月中旬。因匍匐茎发达，适于营养体建坪，匍匐茎撒播或扦插，成坪速度快。抗寒、抗旱、抗病虫能力强，具良好的耐践踏和恢复生长能力且具有一定的耐阴能力，形成的草坪耐粗放管理。

二、适宜区域

川西狗牙根适宜我国西南及长江中下游中低山、丘陵、平原及其他类似生态地区，可广泛应用于绿地草坪、运动场草坪、裸露边坡植被恢复和水土保持草坪建设。

三、栽培技术

（一）草坪建植技术

1. 坪床准备

清理石块、杂物，防除杂草，精细整地，增施基肥，必要时进行土壤改良、设置排灌系统。

2. 建坪时间

适宜移栽/播种期为春末夏初或夏季，在较温暖地区也可提早至仲春。

3. 建坪方法（以无性繁殖为主）

（1）种茎穴栽或行栽。采用穴距约10cm，或行距约20cm进行种茎移栽，一般每平方米种茎可移栽10～20m²。

（2）种茎撒播。将营养体切成含3～4节的茎段，撒在土表，播量为150～200g/m²，然后覆土镇压，并即时浇水，保持土壤湿润直到返青成坪。

（3）蔓植。以 15～20cm 的间距开 5～8cm 深的沟，营养体均匀地播于沟内，覆土镇压。

（4）种茎扦插。用含 3～4 节的草段扦插繁殖，每平方米插 100 个茎段左右，然后浇水保湿直至成坪。

4. 成坪前管理

建坪后保持土壤湿润，浇水均匀，强度要小；忌积水，以免茎段腐烂，土壤干爽时可适当轻压，以促生根和蔓延扩展。及时清除坪床中杂草，保证草坪均匀。

（二）草坪管理技术

1. 修剪

川西狗牙根最适修剪高度为 2.0～3.0cm。在生长旺季每 1～2 周修剪 1 次。

2. 灌溉

草坪建植好后，深灌以促进根系发育。成坪后，干旱季节，每周需浇水 1 次。

3. 施肥

全年施肥 3～4 次，主要包括施返青肥（尿素：15～20g/m² ）1 次；夏季追肥 2 次，分别在 6 月和 8 月施用，施用量为尿素 15～20g/m²；秋肥 1 次，最后 1 次剪草后施用，施用 N、P、K 复合肥（1∶1∶1），用量为 100g/m² 左右。

4. 防除杂草

在各个时期都应进行杂草防除。入侵草坪的主要阔叶杂草有：空心莲子草、天胡荽、车前草等；主要单子叶杂草有：水蜈蚣、香附子、牛筋草、马唐、稗等。主要采用人工方法防除杂草。

5. 防治病害

根据天气状况或草坪病害感染状况，进行病害预防或防治。

6. 防治虫害

根据各地虫害种类及危害严重程度有针对性地进行预防及防治。夏、秋季一般是虫害的高峰期。常见的地下害虫主要有：蝼蛄、蛴螬等；地上害虫主要有蝗虫、黏虫等。

7. 其他特殊管理

包括打孔、垂直刈割、滚压等，视草坪使用情况和草坪的生长发育情况而定。

四、生产利用

该品种在我国四川、重庆、贵州等地推广应用中生长良好。其中，在成都青白江、重庆荣昌、贵州独山地区的表现明显优于对照品种。在绿地草坪应用中，该品种因色泽优美，质地细腻，冬季枯黄期短，绿色观赏期长而备受广大用户喜爱；在边坡治理及水土保持中表现为覆盖地面能力强，抗旱、耐寒，生长旺盛，持久性好；在运动场草坪中耐践踏，弹性好，再生及恢复能力强。

四川农业大学狗牙根育种课题组与四川创绿园艺有限公司在重庆、四川、贵州等地推广应用川西狗牙根，主要用于城市园林绿地、大型公共绿地、公园、道路边坡、运动场等各类草坪工程及草皮生产，累计应用面积达数十万平方米。

川西狗牙根单株

川西狗牙根根系

川西狗牙根茎叶

川西狗牙根群体

48. 苏植 5 号结缕草

苏植 5 号结缕草是以国审品种苏植 1 号杂交结缕草（Zoysia japonica × Z. tenuifolia）为母本，以从美国引进的沟叶结缕草品种 Diamond（Z. matrella）为父本杂交选育而成的育成品种。由江苏省中国科学院植物研究所审定的品种。该品种最突出的特征表现在其坪用价值高（草坪密度高、质地细致柔软、草丛低矮）、青绿期长和抗寒性强等方面，同时也具有抗病虫、抗旱、养护费用低的优点。与沟叶结缕草相比，叶片略宽但质地更加柔软，均一性更好。可用于长江中下游及以南地区观赏草坪、庭院绿化、开放绿地、运动草坪以及保土草坪的建植。

一、品种介绍

禾本科结缕草属多年生草本植物，具有发达的匍匐茎和地下茎，自然草层平均高度 8.77cm；叶色深绿，质地柔韧，叶片平均长度 5.33cm，宽度 0.14cm；匍匐茎发达，匍匐茎节间长度 1.85cm，直径 0.1cm，草坪密度高，每 100cm² 的直立枝数目为 953.6 个。生殖枝高度 4.75cm，花序长 1.62cm，花序小穗数 16.60 个，小穗长 2.80mm，宽 0.8mm。花果期为 4—5 月。

苏植 5 号结缕草青绿期长，在广州和海南儋州可四季常绿，在福建建阳青绿期达 270～282 天，在南京一般 4 月上旬返青，12 月中旬枯黄，青绿期为 249～258 天。抗寒、耐热，在极端低温为－13.1℃，极端高温为 41.1℃ 的条件下，均可以生长良好，且具抗病虫、抗旱及养护费用低的优点。苏植 5 号杂交结缕草对土壤要求不严，排水良好的沙壤土、壤土和红壤土等均可种植，土壤适宜 pH 5.3～7.5。在 5—9 月旺盛生长季，以 10cm 行距的条栽法或 10cm×10cm 的点栽法进行种植，60～90 天可成坪。

二、适宜区域

可用于长江中下游及以南地区观赏草坪、庭院绿化、开放绿地、运动草坪以及保土草坪建植。

三、草坪建植技术

本品种适宜用草茎或草皮块进行营养繁殖，种植时间从春季到秋季。草坪建植前先用灭生性除草剂如"农达"等除草，耕翻整地，施足有机肥。之后灌溉，促使杂草再生，再次喷施农达。如此反复 2～3 次后，除去杂草和石头瓦砾，将坪床进行细平整。可以采用点栽法、条栽法或种茎直播法进行播种，采用 1∶5～10 比例，也可采用满铺法建植草坪。

四、草坪养护管理

播种后，保持地面湿润，直到成活后，再逐步减少灌水。在草坪盖度达到 70%～80% 时，可进行第一次修剪，修剪高度为 2～3cm。待成坪后遵循"1/3 原则"进行常规修剪。中等肥力的土壤，旺盛生长季节每月修剪 1 次，每月补充尿素 10g/m²，霜前最后一次剪草后，施用 N-P-K 肥（15∶15∶15）一次，用量为 30～40g/m²。

苏植 5 号结缕草根系及地下茎

苏植 5 号结缕草匍匐茎

苏植 5 号结缕草自然草层

苏植 5 号结缕草草坪

49. 广绿结缕草

广绿结缕草（*Zoysia japonica Steud*.'Guanglv'）是以兰引Ⅲ号草坪型结缕草为亲本材料，经 $_{60}Co-\gamma$ 射线辐照其营养体，从获得的变异体材料中选育而成。由华南农业大学申请，经全国草品种审定委员会审定，于 2018 年 8 月 15 日登记为育成品种，登记号：555。该品种颜色亮绿，质地中等偏细，生长速度快，耐践踏，绿期长，适合在我国南方温暖地区建植足球场、高尔夫球场等运动场草坪和开放型绿地草坪。

一、品种介绍

禾本科结缕草属草本植物。具有匍匐茎，高约 15cm。匍匐茎为黄绿色，节间短，叶鞘无毛，下部松弛而上部紧密。叶舌纤毛状，叶片扁平，长 5~8cm，宽 3~4mm，穗总状花序，长 3~4cm，宽约 1.5mm，直立。花药为淡黄色，初乳期颖壳颜色为黄绿色。可结种，抽穗早，抽穗密度大，产量低。

靠营养体繁殖，喜温，在沙质、壤质土上生长良好。其叶片短小、柔软、质地好，形成的草坪色彩亮绿，低矮，致密，耐践踏。绿期长，若水肥条件好，在华南地区可保持常绿。适宜在亚热带、热带地区生长。

二、适宜区域

适宜在我国长江以南温暖地区种植，可用于建植足球场、高尔夫球场等运动场草坪和开放型绿地草坪。

三、草坪建植技术

通过营养繁殖建植，在春夏季种植为宜。多采用草茎撒植、草块移植、草皮铺设的方法建植草坪。为降低建植成本，可采用撒植草茎方式建坪，将成熟的草皮撕开，取其营养茎，加工成长 4～6cm，含 2～3 个节的茎段，均匀撒布到平整好的坪床上，覆沙或壤土 2cm，然后滚压、浇水。一般 $1m^2$ 草皮可建植 6～8m^2 草坪。采用移植草块方式建坪，草块大小以 5～10cm×5～10cm 为宜，将草皮块镶嵌到松软的土壤中，然后滚压平整、浇水。草坪铺设方式建植成本最高，但投入使用快，铺设后 2～4 周即可使用，铺设前将土壤整平，耙松，铺设后马上滚压、浇水。如果在秋冬低温期种植，可覆盖塑料薄膜保温保湿。种植后须保持土壤湿润，注意苗期除草、施肥，促进草坪生长。采用草茎撒植、草块移植方式建植，经 2～3 个月生长便能成坪。

四、养护管理

修剪高度保持在 2～4cm，当草坪草受到不利因素胁迫时，要适当提高修剪高度，以提高草坪草的抗性。施肥在春秋两季多用氮肥，夏季以磷肥和钾肥为主，或施用缓释肥料，效果更好。生产季每月施肥一次，尿素施量为 $8g/m^2$，缓释肥为 $20\sim30g/m^2$，交替使用。在建植期间由于结缕草生长缓慢，要注意防治杂草，最好在建植前对坪床采用芽前除草剂进行封闭处理。结缕草茎叶密集，$2\sim3$ 年后枯草层积累较多，需进行疏草，疏草深度 5cm 左右为宜。

五、生产利用

广绿结缕草适宜在我国长江流域以南的亚热带、热带地区种植。该品种质地良好，低矮，成坪速度快，根系发达，耐修剪，非常适合建植耐践踏、密度大、平整、均一、综合性能优异的运动场草坪，也可用于建植开阔平坦的大面积开放式公共绿地草坪，供人们游憩和休闲活动，还可与花木点缀组合，创造优美的园林景观。

广绿结缕草单株　　　　　　　广绿结缕草根系

广绿结缕草花序 广绿结缕草群体

广绿结缕草建成的运动场

图书在版编目（CIP）数据

草业良种良法配套手册.2018 / 全国畜牧总站编
.—北京：中国农业出版社，2019.6
　　ISBN 978-7-109-25382-7

　　Ⅰ.①草…　Ⅱ.①全…　Ⅲ.①牧草－栽培技术－手册
Ⅳ.①S54-62

中国版本图书馆 CIP 数据核字（2019）第 056918 号

中国农业出版社出版
（北京市朝阳区麦子店街 18 号楼）
（邮政编码 100125）
责任编辑　赵　刚

中农印务有限公司印刷　　新华书店北京发行所发行
2019 年 6 月第 1 版　　2019 年 6 月北京第 1 次印刷

开本：850mm×1168mm　1/32　　印张：8.25
字数：170 千字
定价：38.00 元
（凡本版图书出现印刷、装订错误，请向出版社发行部调换）